"十四五"职业教育国家规划教材

"十三五"江苏省高等学校重点教材

（教材编号 2020-1-018）

U0367551

高等职业教育通信技术专业系列教材

# 数据通信与网络技术

## （第二版）

主　编　王文轩　汤昕怡　胡　峰
副主编　才岩峰　曾庆珠
编　者　邵　连　李　洁

扫码加入学习圈　轻松解决重难点

南京大学出版社

**图书在版编目(CIP)数据**

数据通信与网络技术 / 王文轩,汤昕怡,胡峰主编
. — 2 版. — 南京:南京大学出版社,2021.6(2024.7 重印)
ISBN 978 - 7 - 305 - 24088 - 1

Ⅰ.①数… Ⅱ.①王… ②汤… ③胡… Ⅲ.①数据通
信—教材②计算机网络—教材 Ⅳ.①TN919②TP393

中国版本图书馆 CIP 数据核字(2020)第 257461 号

出版发行 南京大学出版社
社　　址 南京市汉口路 22 号　　　　邮　　编 210093
书　　名 **数据通信与网络技术**
　　　　　SHUJU TONGXIN YU WANGLUO JISHU
主　　编 王文轩　汤昕怡　胡　峰
责任编辑 吴　华　　　　　　　编辑热线　025 - 83596997
照　　排 南京开卷文化传媒有限公司
印　　刷 南京人民印刷厂有限责任公司
开　　本 787 mm×1092 mm　1/16　印张 14.25　字数 329 千
版　　次 2021 年 6 月第 2 版　2024 年 7 月第 3 次印刷
ISBN 978 - 7 - 305 - 24088 - 1
定　　价 40.00 元

网　　址:http://www.njupco.com
官方微博:http://weibo.com/njupco
微信服务号:njuyuexue
销售咨询热线:(025)83594756

☞扫码教师可免费
申请教学资源

# 前　言
## Foreword

　　习近平总书记指出,信息化和经济全球化相互促进,互联网已经融入社会生活方方面面,深刻改变了人们的生产和生活方式。互联网与传统行业深入融合发展,涌现出互联网金融、交通、医疗、地图等数字经济新业态。

　　互联网上的服务,均是依托互联网高速生成、传送、处理信息功能而进行,这是表面的现象。透过现象看本质,互联网服务的载体是电信网的数据服务。数据服务,表现为"流量",是与话音、短信息并列的基础电信业务。

　　当今的电信网与经济社会的各行各业深度融合,涌现出大量新业务、新业态,支撑经济社会高质量发展,本质是利用数据通信技术改造和提升了传统行业。一是数据通信以强大的数据传输能力,支撑传统行业数字化、网络化和智能化改造,促进传统行业转型升级、提质增效。二是数据通信以信息传送、发送、接收基本功能为载体,与传统行业深度融合,让传统行业可以网络化达成交易、提供服务,实现高效联结生产要素,迭代优化业务模式,深刻重塑行业架构。三是数据通信让距离不再成为问题,使广大人民群众可以本地化、便捷化、优质化享受各行各业发展成果。试想一下,当强劲算力和数据下沉到园区、车联网等终端,却发现园区网络根本带不动,甚至可能被"冲垮",那所谓的"新基建"自然也就成为空谈。

　　互联互通的网络如何为千行万业输送养分,沿着这条线索攀爬,或许才能更清晰地判断出一个健康苗壮的智能社会,到底需要怎样的基础设施?在全球疫情与经济形势大背景下,多种技术资源的价值发挥,都必须依赖于企业数据通信能力的迭代。

　　一方面,5G+AI推动的业务多元化创新,也让网络数据传输从传统的简单数据,转变为语音通话、视频会议、即时通信、实时计算等诸多应用,不仅要求大带宽与实时性,而且对网络承载复杂异构数据的能力与可靠性也提出了挑战;另一方面,VPN网关、流控网关、安全网关等多种产品的串形部署,使总部与分支的网络出口结构变得越来越复杂,既增加了安全风险,也让网关设备变得难以管理,增大了IT运维人员的工作难度。

　　总的来说,要让千行百业都能从"新基建"的水利设施中得到滋养,IP网络的技术更新,对网络流量的整体规划和质量、电信级的可靠性,以及全面互联的安全性,起到了至为关键的作用。

因此,在不久的将来,全国将有大量的企事业单位、高校急需一大批数据通信知识扎实、网络技术全面的人员,负责新型园区网络的部署、运维和管理工作。而高等院校相关专业也迫切需要一本全面介绍基于新型园区网的数据通信和网络技术的教材,其内容要随着技术革新、业务融合进行更新。为此,本书编者在长期从事一线科研和教学工作的基础上,与行业领军企业的专家合作完成相关课程的开发,在大量工程项目和产品培训中积累素材,整理为本书。

本书以"京华大学校园网络建设一期工程"的智慧校园网络为案例,贯彻全书始终,分解为四部分工作任务,包括 15 个子任务。本书内容特别适合于大中专院校的通信、物联网、人工智能和云计算等专业学生,以及所有从事网络运维管理、网络设计施工等人员。

本书授课时长建议为 64 学时,教学内容包含以理论内容为主的工作任务一和以实践操作为主的工作任务二、三、四。工作任务一立足于网络基础理论知识,内容为网络规划设计;工作任务二为局部组网与配置操作,聚焦分层体系的第二层(数据链路层或网络接口层)技术;工作任务三为网络互联与配置,定位于分层体系的第三层(网络层)技术;工作任务四涉及网络安全和其他常见应用技术。通过四部分任务的学习,学习者可以完成多区域分布、园区级网络的基本搭建,提供业务的网络支撑平台。

本书的总项目需求分析、工作任务一、工作任务三由王文轩编写,工作任务二由汤昕怡编写,工作任务四由胡峰编写。孙婷婷高工提供华为设备资料,肖明坤高工提供现网案例资源,汤昕怡负责审阅全书工作,王文轩负责统稿校正工作。

在本书编写和出版过程中,南京信息职业技术学院网络与通信学院各位教师提出了不少有益的建议,中通服咨询设计研究院有限公司提供了非常宝贵的技术文献资料,浙江华为通信技术有限公司对编写组教师提供了技术培训和业务咨询,南京大学出版社也给予了很多的支持,对此我们表示衷心的感谢!

由于成书时间紧迫和编者水平有限,书中不妥和疏漏之处在所难免,真诚地希望本书的读者能给予指正并将对本书的意见反馈给我们。

编写组

2021 年 3 月

# 目 录
## Contents

# 工作任务二　局部组网与配置

# 工作任务三　网络互联与配置

# 工作任务四 网络安全与应用技术

# 项目需求分析

 **项目背景**

随着学校信息化应用不断推广,师生要求尽可能方便、快速、流畅地访问校园信息平台、在线视频课程等的信息化资源,建立校园网络已经成为学校的一项基础建设工作。校园网络是利用网络设备、通信介质和适宜的网络技术与协议,以及各类系统管理软件和应用软件,将校园内计算机和各种终端设备有机地集成在一起,并用于教学、科研、学校管理、信息资源共享和远程教育等方面工作的计算机网络系统。

校园网建成后,将现代的网络引入教学各个环节,从而可以引发教学方法、教学手段、教学工具的重大革新,对提高教学质量,推动我国教育现代化的发展起着不可估量的作用。校园网络又为学校的管理者和老师提供了获取资源、协同工作的有效途径,所以校园网不仅会是学校提高管理水平、工作效率,改善教学质量的有力手段,而且是解决信息时代教育问题的基本工具。因此,我们将为现代校园网络打造一个集数据传输和备份、多媒体应用、语音传输、OA 应用和 Internet 访问等于一体的高可靠、高性能的宽带多媒体校园网。

 **项目名称**

京华大学校园网络建设一期工程

 **总体目标**

建设学院千兆校园网,完成一个整体规划、分步实施、充分考虑现有设备与实际资金情况的方案,建立网络中心和主干网,然后建立学校的信息管理网络、教学网络、资源网络和各应用子系统,并进行教学楼、办公楼、实训楼和图书馆的结构化布线,将网络扩展到整个校园以及位于不同地点的分校区,实现学校整体网络的全部功能,最后可通过路由器与Internet 接入,整个项目计划投资总额在 200 万元左右。项目使用 GPON 全光网设计,高质量通信需求有保障,光路可扩展性强,十年内无需替换。所有机房光纤入户,并且通过新增汇聚设备,使机房网络管理更加便捷,且机房内网数据传输不占用校园网资源。目标要求如下:

● 网络具有传递语音、图形、图像等多种信息功能,具备性能优越的资源共享功能;

- 校园网中各终端间具有快速交换功能；
- 中心系统交换机采用虚拟网技术，具备对网络用户分类控制的功能；
- 对网络资源的访问提供完善的权限控制；
- 网络具有防止及便于捕杀病毒的功能，以保证网络使用安全；
- 校园网与 Internet 相连后具有"防火墙"过滤功能，以防止网络黑客入侵网络系统；
- 可对接入因特网的各网络用户进行权限控制。

 **实施要求**

- 采用三层结构的分层模型，分别是核心层、接入层、分布层。这样的分层模型可以提供一个模块化的框架，使网络设计更加灵活，也让该校园网络的实施和排错更加轻松。
- 实施 VLAN 技术，实现多个网段的划分和隔离，并能灵活改变配置，使校园网在逻辑上的业务网和管理网分开，以适应教学办公环境的调整和变化，即实现移动教学办公的需求。
- 学校网络系统要确保整个计算机网络系统的可靠性、安全性，具有一定的冗余、容错能力，确保信息处理安全保密。
- 学校信息网络系统要保证实用和技术先进，便于非计算机专业人员使用。
- 提高网络节点设备交换机高性能，能够使接入层接入更多的终端设备。
- 提高网络系统的扩展能力来满足学校未来业务发展的需要。
- 提高网络主干带宽，采用主干网万兆设计，千兆到桌面以保证其高流量。
- 实现远程通信能力，借助电话网等通信手段，以最低的通信成本，方便地实现远程互联，跨越地域限制。
- 提高校园服务器集群的可靠性、冗余性，从而保证系统的安全性和数据的安全性。

 **设计原则**

为保证网络系统建设的质量，系统的网络设计和硬件配置应遵循性价比高、扩展性强、可靠性和安全性好、易于维护的原则并具有一定的先进性。一个好的校园网系统应具有较高的吞吐能力和处理能力，网络各层均不存在阻塞状况，所以设计主要包括以下几个原则：

- 稳定性和可靠性

由于校园对整个网络系统运行的稳定性有一定要求，这就要求网络具有较高的可靠性，因此，分别在核心层和分布层均采用双备份和双线路的设计理念，实现冗余的架构，从而保证整个网络系统稳定、可靠地运行。

- 高带宽

为了支持数据、话音、视像多媒体的传输能力，所以对网络的性能要求比较高，要采用先进的网络技术，以适应大量数据和多媒体信息的传输，既要满足目前的业务需求，又要充分考虑未来的发展，为此应选用高带宽的先进技术。

● 可管理性

校园网大部分用户是学生机和教学用的服务设备,出于管理和安全方面的角度考虑,学生用户上网的带宽是应当受相应的管理和限制,避免其对学校相关信息的破坏。

● 先进性

以先进、成熟的网络通信技术进行组网,支持数据、语音和视频图像等多媒体的应用,采用交换技术代替传统的路由的技术,要注意选择性能价格比较好的技术、硬件和软件组网,保证系统的基础环境十年不落后。

● 可扩展性

考虑到教学规模将不断地扩大,对网络的提高扩展性要求比较高,并要求其能随着技术的发展不断升级。按照每年至少增长 30％用户的数据增长量,保证 2 年内的增长所需,所以校园网的易扩展性是必须仔细考虑的。然而,易扩展不仅仅指设备端口的扩展,还指网络结构的易扩展性和网络协议的易扩展性,因此,无论是选择第三层网络路由协议,还是规划第二层虚拟网的划分,都应注意其扩展能力。

● 安全性

校园网络系统应具有良好的安全性,保证数据的安全及网络使用的安全。由于该校园网络连接校园内部所有用户,安全管理十分重要。应支持 VLAN 的划分,并能在 VLAN 之间进行第三层交换时进行有效的安全控制,以保证系统的安全性,而且,采用防火墙等手段有效控制和防御网络病毒的攻击,以实现整个校园网络系统的安全可靠性。网络数据环境的安全运行十分关键,必须保证这些系统不会遭到来自网络的非法访问和恶意破坏。网络安全系统应当保证内网机密信息在存储与传输时能够保密。允许外部用户访问公共 WEB 或 FTP 服务器上的数据,但是不允许访问内部数据,如教务网等一些敏感性的数据。

 ## 区域划分

| 区域名 | 区域 ID | 区域实体 |
| --- | --- | --- |
| 骨干核心区 | 0 区域 | 三层交换机 |
| 办公行政区 | 1 区域 | 办公大楼 |
| 实验教学区 | 2 区域 | 教学楼,图书馆,实验楼,教师宿舍 |
| 学生后勤区 | 3 区域 | 体育馆,食堂,学生宿舍 |
| 内服务器区 | 4 区域 | 服务器 |
| Internet 区 | 5 区域 | Internet 网络 |

# 工作任务一

# 网络规划设计

 **任务描述**

随着学校信息化应用不断建设，师生要求尽可能方便、快速、流畅地访问校园信息化、在线视频课程等的信息化资源，现有的校园部分区域无线网络已无法满足师生需求，故学校顺应时代发展，适时开启校园网改造建设，提升学校师生的无线网络感知，同时创新网络价值，推动学校信息化的整体发展。学校需要部署包含办公、教学、师生宿舍、图书馆在内的较为完善、高速的有线、无线网络，为学校的信息化应用起到基础设施的作用。

校园网的建设应当在设计阶段就做好规划，将师生教学、行政管理、教育应用、信息交流等功能考虑在内，定好规划分阶段逐步完善。首先要分析本项目的总体建设目标，可具体分解为：

（1）通过本项目建设，使用 GPON 全光网设计，高质量通信需求有保障，光路可扩展性强，十年内无需替换；所有机房光纤入户，并且通过新增汇聚设备，使机房网络管理更加便捷。

（2）通过无线网的部署与建设，实现办公楼、教学楼、宿舍和食堂等区域 WiFi 的无缝高速覆盖。办公区域有线、无线全千兆接入，提升用户体验，满足智慧校园建设基本要求；高质量高性能无线设备满足各种大流量并发的教学应用和办公需求。

（3）通过合理的网络规划设计，实现位于不同地点的校区之间的互联互通，实现校园网内部稳定、高速、安全的访问，能够支持五年内的网络高速访问和网络扩容需求。

有线网络与无线网络的建设目标是：建设一个高可用、高安全、高稳定、易使用、易管理、易扩展的校园有线网络与无线网络，实现无线网络的无缝、高速覆盖，为网络资源的充分利用和共享提供强有力的保障，为学校的全面信息化奠定坚实的基础。网络基础设施完善，基本形成覆盖全校的高速网络。在网络规模、技术水平、性能、稳定性和安全性方面，达到一流校园网络水平，为学校各类应用系统和公共资源服务提供一个高速、安全、可靠的基础平台。

 **知识技能**

### 知识运用要求

● 掌握网络分类和拓扑结构。

● 了解网络性能指标和常见网络设备情况。

- 掌握 OSI 参考模型结构。
- 了解 TCP/IP 协议体系结构。
- 了解 IP 协议基本概念。
- 掌握 IP 地址和子网掩码计算。
- 了解园区网络的分类和构成。

**技能操作要求**

- 使用 Wireshark 软件完成数据的抓取、分析等操作。
- 掌握小型网络 IP 参数规划方法。
- 了解园区网络设计过程和要点。
- 了解网络规划设计的步骤和文档撰写。

# 1.1 网络组建基础

　　网络已成为当今世界不可缺少的一部分,它使地球成为信息网络村,不受时间和空间的限制,不但能够让你随时和他人互动,还能够实现资源的共享,实现数据信息的快速传递。因此,总结网络最主要的三个用途就是:数据通信、资源共享、分布处理。数据通信是网络最基本的功能,网络为分布在不同地域的用户提供了强有力的通信手段,用户可以通过网络进行信息传送、消息发布及生产活动等等。利用这一特点,可实现将分散在不同地区的单位或部门用终端联系起来,进行统一调配、控制和管理。

　　要想建设和管理好网络,提供基础网络服务,就要学习和掌握开放式的网络体系结构,使不同软硬件环境、不同网络协议的网络可以互连,真正达到资源共享;同时网络要向高性能发展,追求高速、高可靠和高安全性,提供多媒体、智能化、综合性服务。

## 1.1.1 网络分类与拓扑结构

　　分析网络技术一定要了解两个方面的基本概念:网络的类型和基本拓扑结构。下面分别对这两个方面进行介绍:

微课:网络分类与拓扑结构

### 一、网络分类

自诞生至今,出现过很多类型的网络,可以从不同的角度进行分类。

1. 按网络的交换方式分类

（1）电路交换；

（2）分组交换。

**提示**

还有一类交换方式称为报文交换，也属于"存储-转发"方式，分组交换是对报文交换的一种改进。报文交换是基于语义，所以传送的报文需要是一个语义整体，由于报文大小不一致，无法有效利用网络流量和适应于多任务。

电路交换方式能为任一个入网的数据通信用户提供一条临时、专用的物理信道（电路）。这条物理信道是由通路上各节点内部在空间（布线接续）或时间（时隙互换）上完成信道接续而构成的，这为信源的 DTE 与信宿的 DTE 之间建立一条信道。在信息传输期间，该信道仅为一对 DTE 用户所占用，通信结束后才释放该信道。

实现电路交换的主要设备是具有电路交换功能的交换机，它由电路交换部分和控制部分组成。电路交换部分实现主、被叫用户的连接，构成数据传输信道；控制部分的主要功能是根据主叫用户的选线信号控制交换网络完成接续。

电路交换技术的优缺点及其特点：

（1）优点：数据传输可靠、迅速，数据不会丢失且保持原来的序列。

（2）缺点：在某些情况下，电路空闲时的信道容易被浪费，在短时间数据传输时电路建立和拆除所用的时间得不偿失。因此，它适用于系统间要求高质量的大量数据传输的情况。

（3）特点：在数据传送开始之前必须先设置一条专用的通路。在线路释放之前，该通路由一对用户完全占用。对于突发式的通信，电路交换效率不高。

虽然电路交换接续快、网络时延小，但是其线路利用率低，不利于实现不同类型、不同速率的数据终端设备之间的相互通信，而报文交换信息传输时延又太大，不满足许多数据通信系统的交互性的要求。分组交换技术能够较好地解决这些矛盾。

分组交换也称为包交换，它是将用户传送的数据分成一定长度的包（分组）。在每个包（分组）的前面加一个首部（报头），其中的地址标志指明该分组发往何处，然后由分组交换机根据每个分组的地址标志，将它们转发至目的地，这一过程称为分组交换，进行分组交换的通信网称为分组交换网。

在发送端，先把较长的报文划分成较短的、固定长度的数据段。每一个数据段前面添加上报头构成分组，如图 1-1 所示。分组交换网依次把各分组发送到接收端，接收端收到分组后剥去报头重新组装成报文。

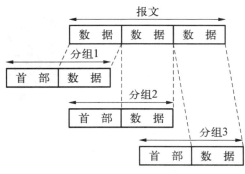

图 1-1 分组的形成

2. 按网络的作用范围分类

按照网络作用的地理范围或者网络规模进行分类，可分为局域网、城域网和广域网三种。这三种网络可以很好地反映出不同类型的技术特征,采用不同的传输技术,形成了不同的网络服务功能。从网络层次上看,城域网是广域网和局域网的桥接区,如图1-2所示。

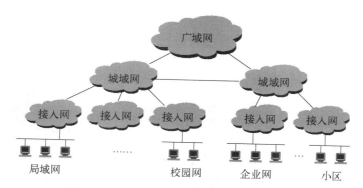

**图 1-2　局域网、城域网和广域网之间的关系**

（1）局域网

局域网（LAN）是最常见的、应用最多的一种网络,大到各行各业的企业内部网络,小到千家万户的家庭网络都属于局域网,我们常说的校园网通常也是一种局域网。局域网是将一个比较小的区域内的各种通信设备互连在一起组成的网络。LAN 具有如下特点:

① 私有所属。LAN 属于个人或单位自建,如企业局域网通常只为本单位员工提供服务,其用途是完全私用,采用专门分配私有地址。关于局域网的工作原理和设备操作将在工作任务二中介绍。

② 覆盖范围小。LAN 中计算机网络设备分布的地理范围较小,一般在 10 m～10 km之间。但范围会有很大的差异,跨度比较大,可以是家庭的居住范围,可以是公司的楼层,也可以是校园的不同建筑物。

③ 结构简单,布线容易。LAN 属于个人或单位私有,网络结构相对较为简单,不用太多、太复杂的网络设备和结构就可以满足自身的网络业务需求。目前大多数 LAN 的传输介质采用比较廉价的双绞线布线,一些大公司或高校的核心网络也会采用光缆。无论选择哪种介质,因为分布范围比较小,所以布线方式较为简单,容易实现。

④ 网络速率高。目前以太网（Ethernet）为代表的局域网技术发展迅速,最高速率已经达到了 100 Gbps,相对广域网和互联网有很大的优势,这为企业网内部大量、高速、集中性的应用提供了保证。

⑤ 误码率低。局域网的距离短,结构简单,线缆提供的带宽大,因此,通信系统的误码率比较低,一般在 $10^{-11}$～$10^{-8}$ 之间。

现在经常说的以太网（Ethernet）和 WLAN,便是两种应用非常广泛的局域网技术。以太网技术使用的数据被称为以太网帧（Frame）。

（2）城域网

城域网（MAN）作用范围在局域网和下面介绍的广域网之间,通常是 10～100 km,例如作用范围是一个城市,可跨越几个街区或整个城市。城域网可以为一个或几个单位所拥有,也可以是一种公用设施,用来将多个局域网互连。城域网要支持多种业务、多个网络协议和多级数据传输速率,在城域网内部或城域网之间要有高速链路相连接。如图1-3所示,MAN 包含 IP 城域网与 IP RAN/STN 两张网络,设备分立、业务分离、管理分散。

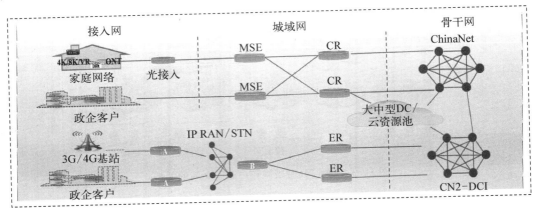

图1-3 城域网组网架构、组网方式

两种网络的性能与配置比较见表1-1所示:

表1-1 两种城域网的性能与配置比较

| 网络类型 | 承载流量 | 业务接入控制点 | 承载业务 | 设备类型 | | 网管系统 |
|---|---|---|---|---|---|---|
| IP 城域网 | 约 200 T,利用率 42%,扩容门限城域内 65%,城域出口 80% | MSE | 公众业务为主 政企业务为辅 | CR、MSE | 网络功能与设备紧耦合 | 城域网管、PON 网管、ITMS 等 |
| IP RAN 网络 | 约 20 T,利用率低于 20%,网络轻载设计 | 移动业务全省集中 | 移动业务为主 政企业务为辅 | A、B、ER | | IP RAN 网管 |

(3)广域网

广域网(WAN)是规模最大的一种计算机网络,分布的地理范围非常广,如一个或多个城市,多个国家甚至遍布全球。WAN 是互联网的核心部分,由不同 ISP 组建,其任务是通过长距离发送主机的数据。广域网的主要内容将在工作任务三中讨论。

## 二、网络拓扑结构

网络的拓扑结构是指一个网络的通信链路和节点构成的几何布局图。在选择拓扑结构时,要根据不同设备承担的角色、各节点设备工作性能要求、安装/维护/升级的难易程度、通信介质故障时受影响的情况等各方面进行考虑。

根据实际应用需要,网络可根据需要连成多种拓扑结构,典型的拓扑结构有 6 种:总线型、环型、星型、树型、网状和全网状,如图1-4所示。从拓扑结构来看,网络内部的主机、终端、交换机都可以称为节点。

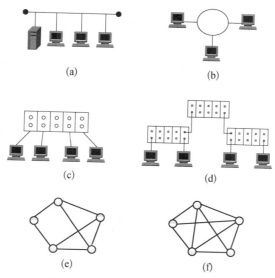

**图 1-4 几种典型的网络拓扑结构**

1. 总线型拓扑结构

总线结构通常采用广播式信道,即网上的一个节点(主机)发信时,其他节点均能接收总线上的信息,如图 1-4(a)所示。

这种结构具有费用低、数据端用户入网灵活、站点或某个端用户失效不影响其他站点或端用户通信的优点。缺点是一次仅一个端用户能发送数据,其他端用户必须等待到获得发送权;媒体访问获取机制较复杂,维护难,分支节点故障查找难。尽管有上述一些缺点,但由于布线要求简单,扩充容易,端用户失效、增删不影响全网工作,所以是 LAN 技术中使用最普遍的一种。

2. 环型拓扑结构

环型结构采用点到点通信,即一个网络节点将信号沿一定方向传送到下一个网络节点,在环内依次高速传输,如图 1-4(b)所示。为了可靠运行,也常使用双环结构。

环型拓扑结构的优点:由于两个结点间只有唯一的通路,因此,大大简化了路径选择的控制;网络中所需的电缆短,不需要接线盒,价格便宜;扩充方便,增减结点容易。缺点是如果环的某一点断开,则环上所有端点间的通信便会终止;为保证环的正常工作,需要较复杂的环维护处理,环结点的加入和撤出过程都比较复杂。

3. 星型拓扑结构

如图 1-4(c)所示,星型结构中有一个中心节点,执行数据交换网络控制功能。这种结构易于实现故障隔离和定位,但它存在瓶颈问题,一旦中心节点出现故障,将导致网络失效。因此,为了增强网络可靠性,应采用容错系统,设立热备用中心节点。

星型拓扑结构是目前应用最广、实用性最好的一种拓扑结构,主要因为它容易实现网络的扩展,现在大量应用于以太局域网中。

4. 树型拓扑结构

树型结构的连接方法像树一样从顶部开始向下逐步分层分叉,有时也称其为层型结构,如图1-4(d)所示。这种结构中执行网络控制功能的节点常处于树的顶点,在树枝上很容易增加节点,扩大网络,但同样存在瓶颈问题。

5. 网状/全网状拓扑结构

网状结构的特点是节点的用户数据可以选择多条路由通过网络,网络的可靠性高,但网络结构协议复杂,如图1-4(e)所示。目前大多数复杂交换网都采用这种结构。当网络节点为交换中心时,常将交换中心互连成全连通网,如图1-4(f)所示。

## 1.1.2 网络的性能指标

各种网络系统都有各自的技术性能指标,互不相同。衡量任何网络性能的优劣都是以有效性和可靠性为基础的,数据通信系统也不例外,它也有表示有效性和可靠性的指标。

### 一、有效性指标

1. 码元传输速率 $R_B$

数字通信系统通常传输的是以0、1表示的脉冲序列,每一个表示0或1的脉冲称为一个码元。图1-5所示为二进制与四进制码元。

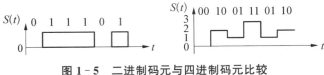

**图1-5 二进制码元与四进制码元比较**

码元传输速率 $R_B$ 也称为波特率、传码率,是指在单位时间内传输的码元数,单位为波特(Baud),常用符号"B"表示。这里的码元可以是二进制的,也可以是多进制的。

$$R_B = 1/T_b \tag{1-1}$$

其中,$T_b$ 为信号码元持续时间(时间长度、码元周期),单位为秒(s)。在图1-5中,虽然进制数不同,但 $T_b$ 相同,因此,码元传输速率 $R_B$ 相同。

2. 信息传输速率 $R_b$

信息传输速率 $R_b$ 简称传信率,又称比特率,是每秒传输二进制码元的个数或比特数。单位为比特每秒(bit/s、bps或b/s),也使用千比特每秒(kb/s)、兆比特每秒(Mb/s)或吉比特每秒(Gb/s)。传码率 $R_B$ 和传信率 $R_b$ 的关系如下:

$$R_b = R_B \log_b M \tag{1-2}$$

3. 频带利用率 $\eta$

数据信号的传输需要一定的频带。两个数据传输系统的传信率相同,它们的通信效率也可能不同。衡量数据传输系统有效性的指标是单位频带内的传输速率,即频带利用率 $\eta$。

$$\eta = R_B/B \text{ 或 } \eta = R_b/B \tag{1-3}$$

其中,$B$ 是带宽值。在相同传码率下,多进制比二进制的传信率高,频带利用率高,这就是信道传输采用多进制的原因之一。

## 二、可靠性指标

由于数据信号在传输过程中不可避免地会受到噪声干扰,信道的不理想也会带来信号的畸变,当噪声干扰和信号畸变达到一定程度时就可能导致接收的差错。衡量数字通信系统可靠性的指标是差错率,常用误码率 $P_e$ 和误信率 $P_b$ 表示。

$$P_e = \frac{接收差错码元数}{发送总码元数} \qquad (1-4)$$

$$P_b = \frac{接收差错比特数}{发送总比特数} \qquad (1-5)$$

差错率是一个统计平均值,因此,在测量或统计时,总的比特(码元)数要达到一定的数量,否则得出的结果将失去意义。

差错率的大小取决于信道的特性、质量及系统噪声等因素,不同的通信系统对差错率的要求不同。差错率越低,数字通信系统的可靠性就越高,质量越好。

## 三、带宽指标

"带宽"(bandwidth)本来是指信号具有的频带宽度,单位是赫、千赫、兆赫、吉赫(Hz、kHz、MHz、GHz)。现在"带宽"是数字信道所能传送的"最高数据率"的同义语,单位是比特每秒(b/s)。正是因为带宽代表数字信号的发送速率,因此,带宽有时也称为吞吐量(throughput)。

吞吐量表示在单位时间内通过某个网络(或信道、接口)的数据量。吞吐量更经常地用于对现实世界中的网络的一种测量,以便知道实际上到底有多少数据量能够通过网络。吞吐量受网络的带宽或网络的额定速率的限制,常用每秒发送的比特数(或字节数、帧数)来表示。

## 四、时延指标

时延(delay)是指一个报文或分组从一个网络的一端传送到另一端所需的时间,是衡量网络性能的重要参数。一般时延由以下三个部分组成:

1. 发送时延

也称为传输时延。发送时延是结点在发送数据时使数据块从结点进入到传输媒体所需要的时间,也就是从数据块的第一个比特开始发送算起,到最后一个比特发送结束所需的时间。该值的计算公式是:

$$发送时延 = \frac{数据块长度}{信道带宽} \qquad (1-6)$$

信道带宽就是数据在信道上的发送速率,也称为数据在信道上的传输速率。

2. 传播时延

传播时延是电磁波在信道中传播一定的距离而花费的时间,传播时延的计算公式:

$$传播时延 = \frac{信道长度}{电磁波在信道上的传播速率} \tag{1-7}$$

电磁波在自由空间的传播速率是光速,即 $3.0 \times 10^5$ km/s。电磁波在网络传输媒体中的传播速率比在自由空间要略低一些:在铜线电缆中的传播速率约为 $2.5 \times 10^5$ km/s,在光纤中的传播速率约为 $2.0 \times 10^5$ km/s。

从以上讨论中可以得到,信号传输时延(发送时延)和电磁波传播时延是两个完全不同的概念,因此,不能将这两个时延概念弄混。

3. 处理时延

数据在交换结点缓存队列中排队要经历一定的时延,因此,也称为排队时延。处理时延的长短往往取决于网络中的通信量。当网络通信量很大时,会发生队列溢出使分组丢失。

端到端的总时延就是以上三种时延之和,如图 1-6 所示:

$$总时延 = 发送时延 + 传播时延 + 处理时延 \tag{1-8}$$

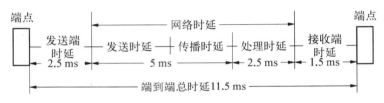

图 1-6　网络总时延的组成

5G 网络是由特定业务场景的驱动而诞生的,比如无人驾驶和远程医疗等均需要网络端到端时延达到一个很低的水平。5G 时代的传输专线必须具备低时延的特性,URLLC 业务端到端时延小于 1 ms,eMBB 业务端到端时延小于 10 ms。目前我国的 4G 传输专线端到端理想时延是 10 ms 左右,端到端典型时延是 50~100 ms 之间,这意味着 5G 传输专线的端到端时延将缩短为 4G 的 1/10,这对底层的承载网络提出了前所未有的挑战。于是,5G 传输专线低时延特性的研究工作实属重中之重。

 提示

经常听到的诸如"在高速链路(或高带宽链路)上,比特流传输速度更快"和"光纤信道的传输速率高"之类的说法都是错误的。

通常所说的"光纤的带宽大,速率高"是指向光纤信道发送数据的速率很高,发送的数据块从第一个比特到最后一个比特的时间很短,即光纤介质的发送时延(传输时延)很小。但光纤信道的传播时延实际上比铜线的传播时延略高一点,经过测量得知,光在光纤中的传播速率和电磁波在铜线(如 6 类线)中的传播速率分别为 20.5 万公里每秒和 23.1 万公里每秒。

### 1.1.3　网络常见设备

#### 一、以太网卡

网络接口卡(NIC)通常也简称为"网卡",它是计算机、交换机、路由器等网络设备与外部网络世界相连的关键部件。特定的网卡服务于特定的网络,如以太网、令牌环、FDDI或无线局域网。本书所提及的网卡一般是指以太网接口卡,简称以太网卡或以太卡。

一般来说,终端至少会安装一个 NIC,网络设备(如路由器)会有多个 NIC。每个 NIC都有一个全网唯一的地址用于被识别,在以太网中该地址称为 MAC 地址。MAC 地址也叫作网卡地址、硬件地址或物理地址,因为它通常是由网卡生产厂家烧入网卡的EPROM,这是传输数据时真正标识发出和接收数据的主机的地址。MAC 地址由 48 比特(6 字节)的数字组成,0~23 位是由厂家自己分配,24~47 位叫作组织唯一标志符,是识别 LAN 节点的表示。其中第 46 位是全局地址标志位,第 47 位是组播地址标志位。

终端和局域网通过 NIC 的通信过程见图 1-7,可以总结得出 NIC 需要完成的具体工作任务有以下几点:

① 对数据链路层的数据帧进行封装和解封装;

② 实现终端内部的并行通信到局域网线路上的串行通信的转换;

③ 实现以太网访问控制方法;

④ 实现信道编码与信道译码。

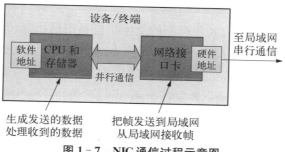

**图 1-7　NIC 通信过程示意图**

在 1990 年代和 2000 年代初期,网卡一般用于计算机上,直到后来才慢慢被用在服务器和工作站上,在此期间因为无线技术的成熟化以及无线网络的普及化,无线网卡也逐渐被广泛应用在计算机上,不过由于连接的可靠性,有线网卡在无需移动的网络设备中仍然是主导。近年来,行业也一直不断地推出新的网卡,以满足不同的以太网需求,如百兆网卡、千兆网卡、万兆网卡以及 25G 网卡等。

数据中心正以前所未有的速度扩展,推动了服务器与交换机之间连接趋于更高带宽的发展。如今,数据中心正从 10G 向 100G 升级,其中 25G 网卡作为连接 25G 服务器与100G 交换机的中间设备已然成了主流。但考虑到数据中心的带宽增长迅速及数据中心硬件升级周期为两年,以太网发展速度会比预期的要快。随着数据中心趋于 400G 发展,服务器与交换机之间的连接将趋于 100G 发展,100G 网卡将在下一代数据中心中扮演着不可或缺的角色,目前 Intel、Mellanox 等供应商已相继推出了 100G 网卡。

由于市场对 100G 网卡的需求增长将推动其他网络设备的需求,如用于 100G 服务器上的 100G 光模块。如今市面上大多数光模块供应商可提供 CXP/CFP/CFP4/QSFP28 不同封装的 100G 光模块。

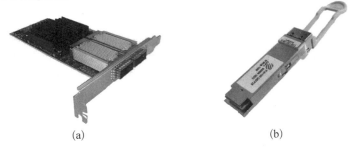

(a)            (b)

图 1 - 8　(a) 100G 网卡,(b) 100G QSFP28 光模块

🔊 提示

现如今随着 5G 网络的正式商用,运营商需要更高的带宽实现大流量数据的应用,为 100G 网卡的应用铺平了道路,此时网络部署时所需的 100G 光模块和 400G 网络交换机也成了必不可少的网络设备之一。相信在 5G 网络时代,100G 网卡将逐渐普及,并将引领光通信市场持续增长。

## 二、以太网交换机

目前除了以太网交换机外,其他类型的交换机已被市场机制所淘汰,因此,以太网交换机与局域网交换机几乎成了同一个概念,本书中的交换机都是指以太网交换机。

如图 1 - 9 所示,交换机会对通过传输介质进入其端口的每一个帧都进行转发操作,操作可分为 3 种:泛洪(Flooding)、转发(Forwarding)、丢弃(Discarding)。

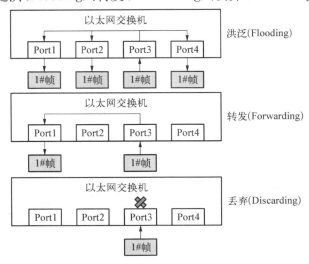

图 1 - 9　交换机对帧的三种转发操作

　　① 泛洪：交换机把从某一端口进来的帧通过所有其他的端口转发出去（"其他端口"是指除了这个帧进入交换机的那个端口以外的所有端口）。泛洪操作是一种点到多点的转发行为。

　　② 转发：交换机把从某一端口进来的帧通过另一个端口转发出去。这里的转发操作是一种点到点的转发行为。

　　③ 丢弃：交换机把从某一端口进来的帧直接丢弃。丢弃操作其实就是不进行转发。

　　如果按照工作模式分，以太网交换机可以分为直通、存储转发和碎片隔离三种类型。

　　① 直通：直通方式的以太网交换机是在各端口间纵横交叉的线路矩阵电话交换机。其基本原理是它在输入端口检测到一个数据帧时，只接受并检查该帧的帧首，获取帧的目的 MAC 地址，通过查找转发表找到对应端口，在输入和输出交叉处接通，把数据直通到相应的端口，实现交换功能。

　　由于不需要存储，延迟非常小、交换速度快，这是它的优点。它的缺点是因为没有保存完整的数据帧，故无法检测错误，并且只能连接速率相同的端口，容易丢包。

　　② 存储转发：存储转发方式是数据通信领域内应用最为广泛的方式。它把输入端口的数据帧先存储，然后进行 CRC（循环冗余码校验）检错，检错通过后才取出目的 MAC 地址，查找转发表从对应端口输出。

　　存储转发方式由于存在数据处理而时延大，但能够对数据帧进行差错检测，有效地改善网络性能。尤其是它可以支持不同速度的端口间的转换，保持高速端口与低速端口间的协同工作。

　　③ 碎片隔离：这是介于前两者之间的一种解决方案。它检查数据帧的长度是否小于 64 字节，如果小于 64 字节，说明是无效帧应该丢弃；如果大于 64 字节，则转发该帧。这种方式不提供数据校验，它的速度介于前两者之间。

 提示 ～～～～～～～～～～～～～～～～～～～～～～～～～～～～～～～～～

　　交换机其实有二层交换机、三层交换机和四层交换机几种类型。这里我们简单比较一下常用的二层和三层交换机的区别：

　　二层交换机发展比较成熟，可以识别 MAC 地址信息，根据 MAC 地址进行转发，并将这些 MAC 地址与对应的端口记录在自己内部的一个地址表中，常用于小型局域网或网段之间相连。

　　三层交换机具有部分路由器功能，最重要的目的是加快大型局域网内部的数据交换，能够做到"一次路由，多次转发"。对于数据包转发等规律性的过程由硬件高速实现，而如路由信息更新、路由表维护、路由计算、路由确定等功能由软件实现。三层交换技术就是"二层交换＋三层转发"。在校园网、城域网中，骨干网、城域网骨干、汇聚层都有三层交换机的用武之地，尤其是核心骨干网一定要用三层交换机。

　　～～～～～～～～～～～～～～～～～～～～～～～～～～～～～～～～～～～～～

### 三、中大型路由器

　　在园区网、地区网乃至整个互联网的研究领域中，路由器技术始终处于核心地位，其发展历程和方向成为整个互联网研究的一个缩影。由于未来网络仍然使用 IP 协议来进行路由(或基于该路由技术的某些改进),路由器将扮演着重要的角色。

路由器的核心作用是实现网络互连,在不同网络之间转发数据单元。为实现在不同网络间转发数据单元的功能,路由器必须具备以下条件。首先,路由器上多个三层接口要连接在不同的网络上,每个三层接口连接到一个逻辑网段。这里面所说的三层接口可以是物理接口,也可以是各种逻辑接口或子接口。在实际组网中确实存在只有一个接口的情况,这种方式我们称之为单臂路由,单臂路由应用很少。其次,路由器必须具有存储、转发、寻径功能。

下面将路由器需要具备的主要功能解释如下:

① 路由功能(寻径功能):包括路由表的建立、维护和查找。

② 交换功能:路由器的交换功能与以太网交换机执行的交换功能不同,路由器的交换功能是指在网络之间转发分组数据的过程,涉及从接收接口收到数据帧,解封装,对数据包做相应处理,根据目的网络查找路由表,决定转发接口。

③ 隔离广播、指定访问规则:路由器阻止广播的通过,并且可以设置访问控制列表(ACL)对流量进行控制。

④ 子网间的速率匹配:路由器有多个接口,不同接口具有不同的速率,路由器需要利用缓存及流控协议进行速率适配。

对于不同规模的网络,路由器作用的侧重点有所不同:

在骨干网上,路由器的主要作用是路由选择。骨干网上的路由器,必须知道到达所有下层网络的路径。这需要维护庞大的路由表,并对连接状态的变化做出尽可能迅速的反应。路由器的故障将会导致严重的信息传输问题。

在地区网中,路由器的主要作用是网络连接和路由选择,即连接下层各个基层网络单位——园区网,同时,负责下层网络之间的数据转发。

在园区网内部,路由器的主要作用是分隔子网。早期的互联网基层单位是局域网,其中所有主机处于同一个逻辑网络中。随着网络规模的不断扩大,局域网演变成以高速骨干和路由器连接的多个子网所组成的园区网。在其中,各个子网在逻辑上独立,而路由器就是唯一能够分隔它们的设备,它负责子网间的报文转发和广播隔离,在边界上的路由器则负责与上层网络的连接。

 任务布置

● 通信的概念大家并不陌生,在人类社会的发展过程中,通信就一直存在。对于生活在信息时代的我们,通信的必要性和重要性是不言而喻的。

通信系统的基本组成有哪些部分?请用图画描述通信系统的一般架构。

● 网络技术是计算机技术和数据通信技术结合而成的。数据通信是依照一定的通信协议,利用数据传输技术在两个终端之间传递数据信息的一种通信方式和通信业务,是继电报、电话之后的第三种通信业务。

经过多年的发展,数据通信网络的典型组网模型被归纳为三种,请简单叙述。

● 在网络通信中,传输媒体是能够被用于从一点到另一点传播信号的任何物质,例如,光纤、电缆、水和空气等。我们一般会将传输媒体按照是否具有传输导向性分为导向性介质和非导向性介质,即有线介质和无线介质。

常用的传输媒体有哪几种?各有何特点?各自用途是什么?光缆具有怎样的物理结构、传输特性和抗干扰性?

# 1.2　网络协议架构

数据通信系统中非常关键的一个部分是网络协议,所谓协议,就是为了使网络中的不同设备能进行数据通信而预先制定的一整套通信各方相互了解和共同遵守的格式和约定,是一系列规则和约定的规范性描述。协议定义了网络设备之间如何进行信息交换,是网络通信的基础。只有遵从相同的协议,网络设备之间才能够通信。如果一台设备不支持用于网络互联的协议,它就无法与其他设备进行通信。

以电话为例,必须首先规定好信号的传输方式、什么信号表示发起呼叫、什么信号表示呼叫结束、出了错误怎么办、怎样表示呼叫人的号码等,这种预先规定好的格式及约定就是协议。

协议分为两类:一类是各网络设备厂商自己定义的协议,称为私有协议;另一类是专门的标准机构定义的协议,称为开放式协议。私有协议只有厂商自己的设备支持,无法和其他厂商的设备互通,所以在平时应用中,各厂商会尽量遵循开放式协议,但单一、巨大的协议会加大网络设计难度,同时也不利于分析及查找问题。因此,网络模型中引入分层的概念。分层模型是一种用于开发网络的设计方法,将通信问题划分为几个小的问题(层次),每个问题对应一个层次。

## 1.2.1　网络协议和标准化组织

在全球的互联网活动中,存在着各种各样的组织,其中有许多组织扮演着重要角色,对全球网络的互联互通、正常运行和迅速发展起着关键的重要作用,缺乏国际标准将会使技术的发展处于比较混乱的状态。这里我们简要介绍几个组织机构,后面会分别学习到它们的标准:

(1) ISO(国际标准化组织):成立于 1947 年 2 月 23 日,是制定全世界工商业国际标准的各国国家标准机构代表的国际标准建立机构,总部设于瑞士日内瓦,成员包括 162 个会员国。该组织自我定义为非政府组织,参加者包括各会员国的国家标准机构和主要公司。ISO

制订了 OSI/RM,成为研究和制订新一代计算机网络标准的基础。各种符合 OSI/RM 与协议标准的远程计算机网络、局部计算机网络与城市地区计算机网络开始广泛应用。

（2）EIA/TIA(美国电子/电信工业协会)：EIA 创建于 1924 年,广泛代表了设计生产电子元件、部件、通信系统和设备的制造商以及工业界、政府和用户的利益。TIA 成员包括为美国和世界各地提供通信和信息技术产品、系统和专业技术服务的大小公司。TIA 与 EIA 有着广泛而密切的联系,EIA/TIA 的布线标准中规定了两种双绞线的线序 568A 与 568B,还制定了其他网络线缆标准,如 RS-232、HSSI 等。

（3）IEEE(电子电气工程师协会)：是一个国际性的电子技术与信息科学工程师的协会,是世界上最大的专业技术组织之一(成员人数)。该组织在太空、计算机、电信、生物医学、电力及消费性电子产品等领域中都是主要的权威。其中比较出名的是 IEEE 802 委员会,它成立于 1980 年 2 月,它的任务是制定局域网的国际标准 802.X,取得了显著的成绩。

（4）IETF(Internet 工程任务组)：成立于 1985 年底,是全球互联网最具权威的技术标准化组织,主要任务是负责互联网相关技术规范的研发和制定,当前绝大多数国际互联网技术标准出自 IETF。IETF 产生两种文件,一个叫作 Internet Draft,即"互联网草案",第二个是叫 RFC,叫意见征求书或请求注解文件,只有部分 RFC 文档成为标准。IETF 的实际工作大部分是在其工作组(Working Group)中完成的。这些工作组又根据主题的不同划分到若干个领域(Area),如路由、传输和网络安全等。

（5）ITU-T(国际电信联盟电信标准部门)：该机构创建于 1993 年,前身是国际电报电话咨询委员会(CCITT)。定义了广域网连接的电信网络的标准,如 X.25、V.24、Frame Relay 等。

### 1.2.2 OSI 参考模型

OSI/RM 参考模型就是基于 ISO 的建议,简称 OSI 模型。OSI 模型有 7 层,结构如图 1-10 所示。由低层至高层分别是:物理层、数据链路层、网络层、传输层、会话层、表示层、应用层。其分层原则为根据不同层次的抽象的分层,每一层都有特定的功能,并且上一层利用下一层所提供的服务。

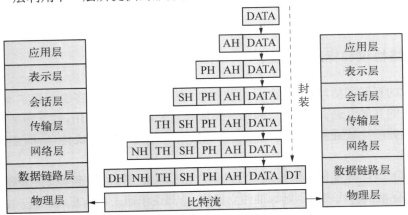

**图 1-10 OSI 参考模型中的数据封装过程**

应该指出,OSI/RM 只是提供了一个抽象的体系结构,从而根据它研究各项标准,并在这些标准的基础上设计系统。

### 一、分层功能

(1) 物理层:主要讨论在通信线路上比特流的传输问题。这一层协议描述传输媒质的电气、机械、功能和过程的特性。其典型的设计问题有:信号的发送电平、码元宽度、线路码型、物理连接器插脚的数量、插脚的功能、物理拓扑结构、物理连接的建立和终止、传输方式等。

(2) 数据链路层:主要讨论在数据链路上帧流的传输问题。这一层协议的内容包括:帧的格式,帧的类型,比特填充技术,数据链路的建立和终止信息流量控制,差错控制,向物理层报告一个不可恢复的错误等。这一层协议的目的是保障在相邻的站与节点或节点与节点之间正确地、有次序、有节奏地传输数据帧。

(3) 网络层:主要处理分组在网络中的传输。这一层协议的功能是:路由选择、数据交换,网络连接的建立和终止,一个给定的数据链路上网络连接的复用,根据从数据链路层来的错误报告而进行的错误检测和恢复,分组的排序,信息流的控制等。

(4) 传输层:是第一个端到端的层次,把传输层的地址变换为网络层的地址。主要功能是:运输连接的建立和终止,在网络连接上对运输连接进行多路复用,端-端的次序控制,信息流控制,错误的检测和恢复等。

 **提示**

上面介绍的四层功能可以用邮政通信来类比。传输层相当于用户部门的收发室,它们负责本单位各办公室信件的登记和收发工作,然后交邮局投送,而网络层以下各层的功能相当于邮局,尽管邮局之间有一套规章制度来确保信件正确、安全地投送,但难免在个别情况下会出错,所以收发用户之间可经常核对流水号,如发现信件丢失就向邮局查询。

(5) 会话层:在两台计算机间建立、管理和终止通信来完成对话。在建立会话时核实双方身份是否有权参加会话;确定何方支付通信费用;双方在各种选择功能方面(如全双工还是半双工通信)取得一致;在会话建立以后,需要对进程间的对话进行管理与控制。

(6) 表示层:解决格式和数据表示的差别,从而为应用层提供一个一致的数据格式,如文本压缩、数据加密、字符编码的转换,从而使字符、格式等有差异的设备之间相互通信。

(7) 应用层:与提供网络服务相关,这些服务包括文件传送、打印服务、数据库服务、电子邮件等。

从七层的功能可见,1~3 层主要是完成数据交换和数据传输,称之为网络低层,即通信子网;5~7 层主要是完成信息处理服务的功能,称之为网络高层;低层与高层之间由第4 层衔接。数据通信网只有物理层、数据链路层和网络层,我们主要研究这三层。

## 二、数据封装

如图 1-10 所示,在 OSI 参考模型中,当一台主机需要传送用户的数据(DATA)时,数据首先通过应用层的接口进入应用层。在应用层,用户的数据被加上应用层的首部(AH),形成应用层协议数据单元(PDU),然后被递交到下一层——表示层。表示层并不"关心"上层——应用层的数据格式,而是把整个应用层递交的数据包看成是一个整体进行封装,即加上表示层的首部(PH),然后,递交到下层——会话层。

同样,会话层、传输层、网络层、数据链路层也都要分别给上层递交下来的数据加上自己的首部:会话层首部(SH)、传输层首部(TH)、网络层首部(NH)和数据链路层首部(DH)。其中,数据链路层还要加上尾部(DT),形成最终的一帧数据。

当一帧数据通过物理层传送到目标主机的物理层时,该主机的物理层把它递交到上层——数据链路层。数据链路层负责去掉数据帧的帧头部 DH 和尾部 DT(同时还进行数据校验)。如果数据没有出错,则递交到网络层。同样,网络层、传输层、会话层、表示层、应用层也要做类似的工作。最终,原始数据被递交到目标主机的具体应用程序中。

### 1.2.3 TCP/IP 协议体系结构

微课:TCP/IP 体系结构

TCP/IP 技术得到了众多厂商的支持,不久就有了很多分散的网络,所有这些单个的 TCP/IP 网络都互联起来称为因特网(Internet)。基于 TCP/IP 协议的因特网已逐步发展成为当今世界上规模最大、拥有用户和资源最多的一个超大型计算机网络,TCP/IP 协议也因此成为事实上的工业标准。IP 网络正逐步成为当代乃至未来计算机网络的主流。

与 OSI 参考模型一样,TCP/IP 协议体系结构也分为不同的层次,每一层负责不同的通信功能。但是,TCP/IP 体系结构简化了层次设计,将原来的七层模型合并为四层协议的体系结构,自顶向下分别是应用层、传输层、网络层和网络接口层,没有 OSI 参考模型的会话层和表示层。应用层包含了 OSI 参考模型所有高层协议。从图 1-11 中可以看出,TCP/IP 协议体系与 OSI 参考模型有清晰的对应关系,覆盖了 OSI 参考模型的所有层次。

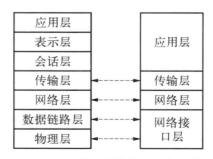

**图 1-11 TCP/IP 体系结构与 OSI 参考模型比较**

## 一、TCP/IP 协议族

TCP/IP 协议族是由不同网络层次的不同协议组成的。TCP/IP 协议族中的每层协议如图 1-12 所示。

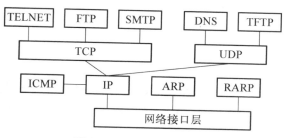

**图 1-12　TCP/IP 协议族**

网络接口层涉及在通信信道上传输的原始比特流,它实现传输数据所需要的机械、电气、功能性及过程等手段,提供检错、纠错、同步等措施,使之对网络层显现一条无错线路,并且进行流量调控。网络层检查网络拓扑,以决定传输报文的最佳路由,执行数据转发。其关键问题是确定数据包从源端到目的端如何选择路由。网络层的主要协议有 IP(网际协议)、ICMP(互联网控制报文协议)、IGMP(互联网组管理协议)和 ARP(地址解析协议)等。

传输层的基本功能是为两台主机间的应用程序提供端到端的通信。传输层从应用层接收数据,并且在必要的时候把它分成较小的单元,传递给网络层,并确保到达对方的各段信息正确无误。传输层的主要协议有 TCP(传输控制协议)、UDP(用户数据报协议)。

应用层负责处理特定的应用程序细节,显示接收到的信息,把用户的数据发送到低层,为应用软件提供网络接口。应用层包含大量常用的应用程序,例如 HTTP(超文本传输协议)、Telnet(远程登录)、FTP(文件传送协议)等。

## 二、数据封装

同 OSI 参考模型数据封装过程一样,TCP/IP 协议在报文转发过程中,封装和去封装也发生在各层之间。如图 1-13 所示的封装过程,对等层之间互相交互的数据被称为 PDU(协议数据单元)。

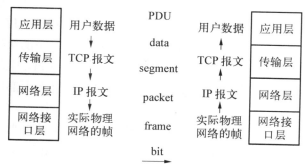

**图 1-13　TCP/IP 数据封装过程**

PDU 在不同层有不同的名称。如在传输层中,在上层数据中加入 TCP 报头后得到的 PDU 被称为数据段(segment);数据段被传递到网络层,网络层添加 IP 报头得到的 PDU 被称为数据包(packet);数据包被传递到网络接口层,封装网络接口层报头得到的 PDU 被称为数据帧(frame);最后,帧被转换为比特(bit),通过网络介质传输。后面对传输层和网络层的数据都统一称为报文。

## 1.2.4 TCP 和 UDP 协议

传输层主要提供两种服务,一种是面向连接的服务,由 TCP 协议实现,是一种可靠的服务;一种是无连接的服务,由 UDP 协议实现,是一种不可靠的服务。

### 一、TCP 协议

TCP 是一种可靠的、面向连接的字节流服务。源主机在传送数据前需要先和目标主机建立连接,在此连接上,被编号的数据段按序收发。同时,要求对每个数据段进行确认,保证了可靠性。如果在指定的时间内没有收到目标主机对所发数据段的确认,源主机将再次发送该数据段。

TCP 报文分为两部分,前面是报头,后面是数据。其中报头的前 20 个字节格式是固定的,后面是可能的选项,整个报头最多有 60 个字节。TCP 报文格式如图 1 - 14 所示。

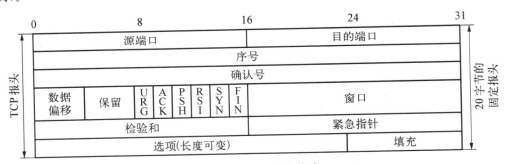

图 1 - 14  TCP 报文格式

每个 TCP 报文都包含源端口和目的端口的端口号,用于寻找发端和收端的应用进程。端口号加上 IP 报文头部的信息能够唯一确定一个 TCP 连接。序列号则用来标识从 TCP 发端向 TCP 收端发送的数据字节流,它表示在这个报文中的第一个数据字节。窗口大小用于表示接收端期望收到的字节,由于该字段为 16 bit,因而窗口大小最大为 65 535 字节。检验和则是针对整个 TCP 报文以及部分 IP 报文头部的信息进行的报文验证。

TCP 提供的是可靠的面向连接的服务,在传送数据之前,会在收发双方之间建立一条连接通道。TCP 的连接建立过程又称为 TCP 三次握手,如图 1 - 15 所示:

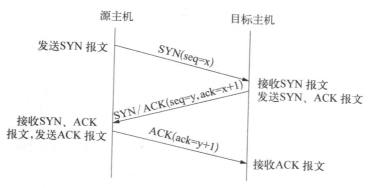

**图 1-15 TCP 连接的建立**

（1）源主机向目标主机发起一个建立连接的同步（SYN）请求；

（2）目标主机在收到这个请求后向源主机回复一个同步、确认（SYN、ACK）应答；

（3）源主机收到此报文后再向目标主机发送一个确认（ACK），此时 TCP 连接成功建立。

TCP 会话的三次握手完成。接下来，源主机和目标主机可以互相收发数据。

TCP 的可靠传输还体现在确认技术的应用方面，保证数据流从源设备准确无误地发送到目的设备。以下描述的是确认技术的工作原理。

当目的主机收到源主机发送的数据报时，向源主机发送确认报文，源主机收到确认报文后，继续发送数据报，如此重复。当源主机发送数据报后没有收到确认报文，在一定时间后（计时器结束的时间），源主机降低数据传输速率，重发数据报。如图 1-16 所示，可分为无差错情况、报文出错、报文丢失、确认报文丢失和确认报文迟到五种基本情况。

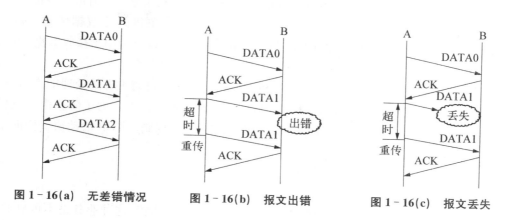

**图 1-16(a) 无差错情况**　　**图 1-16(b) 报文出错**　　**图 1-16(c) 报文丢失**

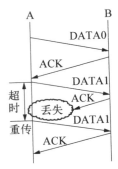
图1-16(d)　确认报文丢失

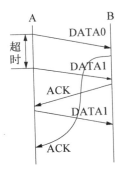
图1-16(e)　确认报文迟到

提示

可靠传输协议常称为自动重传请求（ARQ）。ARQ表明重传的请求是自动进行的。接收方不需要请求发送方重传某个出错的分组。因为停止等待协议一次只发一个报文，相当于发送窗口为1，协议优势是简单、易于实现，缺点是信道利用率低。

为了提高信道利用率，使用连续ARQ协议和选择ARQ协议，在此协议中，允许发送端可以连续发送多个报文。使用一个确认报文对多个接收报文进行确认，确认报文携带下一次期望的报文序号。一次性连续发送报文的数量叫发送窗口。

TCP在保证数据传输可靠性的同时，还提供了多路复用、最大报文段（MSS）协商、窗口机制等功能。

多路复用是指多个应用程序允许同时调用传输层，从而为不同的应用建立各自的连接通道。传输层把上层发来的不同应用程序数据分成段，按照先到先发（FIFO）的原则发送数据段，可以去往同一目的地，也可以去往不同目的地。

MSS表示TCP传给另一端的最大报文段长度。当建立一个连接时，连接的双方都要通告各自的MSS，协商得到MSS的最终值，以此提高网络利用率和提升应用性能。

TCP滑动窗口技术通过动态改变窗口大小来调节两台主机间的数据传输。每个TCP/IP主机支持全双工数据传输，因此，TCP有两个滑动窗口：一个用于接收数据，另一个用于发送数据。

当网络连接的两端速度不匹配时，源主机的发送速度快于目的主机的处理能力时，便会出现快速的源主机将慢速的目的主机淹没的现象，导致数据丢失。为了防止由于主机之间的不匹配而引起数据丢失，TCP采用滑动窗口进行流量控制。TCP滑动窗口面向字节流，即以字节为单位进行控制。

## 二、UDP 协议

UDP协议提供无连接的服务，即通信双方并不需要建立连接，这种业务是不可靠的。正是由于无连接的服务，所以UDP简单，数据传输速度快、开销小。具体来说：

（1）无需建立连接和释放连接，从而减少了连接管理开销，而无需建立连接也减少了发送数据之前的时延。

（2）UDP 数据报只有 8 个字节的报头开销，比 TCP 的 20 个字节的报头要短得多。

（3）由于 UDP 没有拥塞控制，因此，UDP 的传输速度很快，即使网络出现拥塞也不会降低发送速率。

UDP 更适合于对传输效率要求高的应用，如 SNMP、Radius 等。SNMP 监控网络并断续发送告警等消息，如果每次发送少量信息都需要建立 TCP 连接，无疑会降低传输效率，所以更注重传输效率的应用程序都会选择 UDP 作为传输层协议。

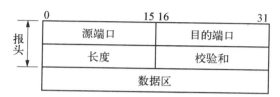

图 1-17　UDP 数据报格式

UDP 的报文格式由两部分构成：报头和数据区。报头各字段意义如下：

（1）源端口：本主机应用进程的端口号，16 比特。

（2）目的端口：目的主机应用进程的端口号，16 比特。

（3）长度：UDP 用户数据报的长度，16 比特。

（4）检验和：用于检验 UDP 用户数据报在传输中是否出错，16 比特。

## 1.2.5　ARP 协议

ARP 是一个非常重要并经常使用的地址解析协议，将网络层地址（IP 地址）解析为数据链路层（MAC 地址）的协议。在局域网网络中存在大量的 ARP 报文，多数是以广播形式出现。

### 一、ARP 报文格式

ARP 是一个独立的三层协议，所以 ARP 报文在向数据链路层传输时不需要经过 IP 协议的封装，而是直接生成自己的报文，其中包括 ARP 报头，到数据链路层后再由对应的数据链路层协议（如以太网协议）进行封装。

ARP 报文分为 ARP 请求报文和 ARP 应答报文两种。它们的报文格式可以统一为如图 1-18 所示。

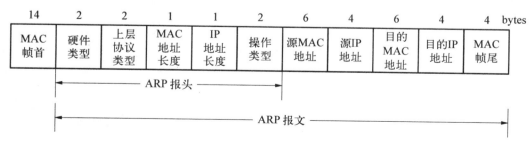

图 1-18　ARP 报文格式

## 二、ARP 表

无论是主机、交换机还是路由器,都设有一个 ARP 高速缓存(ARP Cache),缓存着本局域网上设备的 IP 地址到 MAC 地址的 ARP 表,用于数据帧的转发。

设备通过 ARP 解析到目的 MAC 地址后,将会在自己的 ARP 表中增加这条 IP 地址到 MAC 地址的记录,以用于后续到同一目的地数据帧的转发。

 提示

ARP 高速缓存中的每一个映射地址项目都设置生存时间(Live Time),例如,10~20 分钟,凡超过生存时间的项目就从高速缓存中删除掉。设置这种地址映射项目的生存时间是很重要的,主要应对主机移动位置、更换网卡和关机等情况的发生。

## 三、ARP 地址解析原理

### 1. 两主机位于相同的局域网

在图 1-19 的示例中,现假设主机 A 和 B 在同一个局域网,主机 A 要向主机 B 发送信息。这时主机 A 只知道主机 B 的 IP 地址,想要获得主机 B 的 MAC 地址。

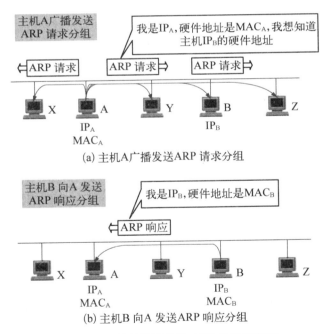

图 1-19 地址解析协议 ARP 的工作原理

具体的地址解析过程如下:

(1) 主机 A 广播发送 ARP 请求分组,ARP 请求分组的主要内容是表明"我的 IP 地址是 $IP_A$,硬件地址是 $MAC_A$,我想知道 IP 地址是 $IP_B$ 的主机硬件地址 $MAC_B$"。

（2）在本局域网上的所有主机上运行的 ARP 进程都收到此 ARP 请求分组。

（3）主机 B 在 ARP 请求分组中见到自己的 IP 地址，就向主机 A 单播发送 ARP 响应分组，并写入自己的硬件地址。ARP 响应分组的主要内容是"我的 IP 地址是 $IP_B$，我的硬件地址是 $MAC_B$"。

（4）主机 A 收到主机 B 的 ARP 响应分组后，就在其 ARP 高速缓存中写入主机 B 的 IP 地址到硬件地址的映射。

2. 两主机位于不同的局域网

如图 1－20 所示，两主机不在同一局域网又是如何通信的呢？具体步骤如下：

**图 1－20 两主机不在同一局域网中 ARP 的工作原理**

（1）主机 A 向本网段发出一个 ARP 请求广播，ARP 请求分组中的目的 IP 地址为网关 IP 地址（$IP_{网关}$），其目的是想获得网关的 MAC 地址（$MAC_{网关}$）。如果 A 已知网关的 MAC 地址，则略过此步。

（2）网关收到 ARP 广播包后，同样会向主机 A 发回一个包含自己硬件地址（$MAC_{网关}$）的 ARP 应答包。

（3）当主机 A 获得 $MAC_{网关}$ 后，在主机 A 向主机 B 发送的原分组的目的 MAC 地址字段填上 $MAC_{网关}$ 后发送给网关。

（4）如果网关的 ARP 表中已有主机 B 对应的 MAC 地址（$MAC_B$），则网关直接将在来自主机 A 的分组中的目的 MAC 地址字段填上 $MAC_B$ 后转发给主机 B。

（5）如果网关的 ARP 表中没有 $MAC_B$，网关会再次向主机 B 所在的网段发送 ARP 广播请求，此时目的 IP 地址为主机 B 的 IP 地址（$IP_B$）。

（6）当网关从收到来自主机 B 的应答报文中获得 $MAC_B$ 后，就可以将由主机 A 发来的报文重新在目的 MAC 地址字段填上 $MAC_B$ 后发给主机 B。

 提示

网关这类设备支持直接连接的多个网段，那每个网段连接在一个端口上。通过网关本身即可实现互通，但是不提供到达非直接连接网络的路由功能。要注意的是，终端设备上配置的网关 IP 地址必须指定为三层设备的接口，如位于网络边缘的路由器、多层交换机的接口地址。

### 1.2.6 Wireshark 软件操作

Wireshark 是网络包分析工具，其主要作用是对接口实时捕捉网络包，并详细显示包的协议信息。Wireshark 可以捕捉多种网络接口类型的包，可以

微课：
数据包抓包

打开多种网络分析软件捕捉的包,能够支持多个协议的解码。网络管理人员一般用它来检测网络安全隐患、解决网络问题,也可以用它来学习网络协议、测试协议执行情况等。

值得注意的是,Wireshark 不会处理网络事务,它仅仅是"测量"(监视)网络,具有以下主要特性:

① 在接口实时捕捉包;

② 能详细显示包的详细协议信息;

③ 可以打开/保存数据包;

④ 创建多种统计分析,可以采用多种方式过滤;

⑤ 可以导入导出其他捕捉程序支持的数据包格式;

⑥ 多种方式查找包。

### 一、网络数据流的监测部署

监测部署是通过设置监测接入点,即在监测设备上安装 Wireshark 软件,可以分为三种情况:一是在被监测主机上直接捕获,二是利用集线器将被监测接口的数据分为多路进行捕获(如图 1 - 21(a)),三是利用交换机的接口数据映射功能进行捕获(如图 1 - 21(b))。

图 1 - 21(a)　多路捕获数据　　　　图 1 - 21(b)　接口数据映射

### 二、Wireshark 软件抓包

(1) Wireshark 软件用于捕获主机上某一个网卡的收发网络包,当主机有多个网卡时,需要选择其中的一个网卡。点击菜单栏中的"捕获-选型",选择正确的网卡,然后点击"捕获-开始",出现如图 1 - 22 所示的对话框,即开始抓包。

(2) 使用过滤是非常重要的,Wireshark 抓包时会得到大量的冗余信息,在几千甚至几万条记录中,很难找到网络管理员需要的部分。过滤器会帮助我们在大量的数据中迅速找到需要的信息,一般可以分为两种:

一种是显示过滤器,在图 1 - 22 的抓包界面中所示,用来在捕获的记录中找到所需要的记录;

另一种是捕获过滤器,点击菜单栏中"捕获-捕获过滤器"中设置,用来过滤捕获的数据包,以免捕获太多的记录。

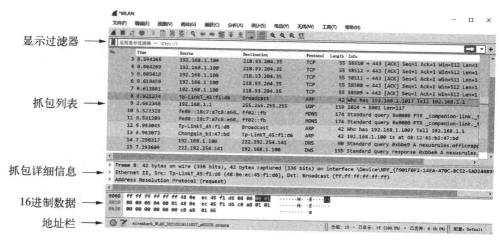

图 1-22 Wireshark 抓包界面

过滤表达式的规则可定义为：① 协议过滤，比如只显示 TCP 协议；② IP 地址过滤，比如 ip.src、ip.dst 限制源主机和目的主机的 IP 地址；③ 端口过滤，比如 tcp.port＝80 是只显示端口号为 80 的 TCP 协议包等等。

（3）抓包列表。抓包列表的表项中显示了编号、时间戳、源地址、目标地址、协议、长度以及抓包信息。这里可以看到不同的协议用了不同的颜色显示。

（4）抓包详细信息。这个面板是最重要的，用来查看协议中的每一个字段。各行信息分别为：

① Frame：物理层的数据帧概况；

② Ethernet II：数据链路层以太网帧头部信息；

③ Internet Protocol Version 4：互联网层 IP 包头部信息；

④ Transmission Control Protocol：传输层协议的数据段头部信息，此处是 TCP；

⑤ Hypertext Transfer Protocol：应用层的信息，此处是 HTTP 协议。

【操作一】利用 Wireshark 捕获发生在 ping 过程中的 ARP 报文，加强对 ARP 协议的理解，掌握 ARP 报文格式，掌握 ARP 请求报文和应答报文的区别。

【操作二】利用 Wireshark 实际分析一下三次握手的过程。具体操作步骤如下：

第一步　打开 Wireshark，打开浏览器输入 www.163.com；

第二步　在 Wireshark 中输入 http 过滤，选中 HTTP/1.1 的那条记录，然后点击右键，对话过滤器→"F5 TCP"。

# 1.3　IP 协议与配置管理

需求分析

　　A、B 为两台位于不同地点的计算机,现在 A 机准备发送 20 个数据给 B 机,然而网络上有成千上万的其他网络终端,A 机如何保证这 20 个数据准确无误地到达 B 机?回想一下"写信"这个行为,只有在信封上写了正确的目的地址,邮递员才可能把信件正确无误地送到目的地。同样的道理,网络数据必须有一个目的地址。赋予网络数据包目的地址的这个行为,正是 IP 协议的作用之一。

　　目前的数据通信网络,特别是 TCP/IP 网络,使用最多的是数据报分组交换方式,而 IP 协议是用于将多个分组交换网络连接起来的最典型通信协议。它成为 TCP/IP 互联网设计中最基本的部分,有时都称 TCP/IP 互联网为基于 IP 技术的网络。网络数据包不仅有目的地址,还有源地址,即发送这个数据的终端地址,这个地址有一个专业的术语:IP地址。

知识学习

　　目前的数据通信网络,特别是 TCP/IP 网络,使用最多的是数据报分组交换方式,而 IP 协议是用于将多个分组交换网络连接起来的最典型通信协议。它成为 TCP/IP 互联网设计中最基本的部分,有时都称 TCP/IP 互联网为基于 IP 技术的网络。

　　IP 提供了不可靠、无连接的数据报传送服务,不可靠的意思是它不能保证 IP 数据报能成功地到达目的地。IP 仅提供尽最大努力(Best-effort)投递的传输服务。如果发生某种错误时,如某个路由器暂时用完了缓冲区,IP 有一个简单的错误处理算法:丢弃该数据报,然后发送 ICMP 消息报给发送端。任何要求的可靠性必须由上层来提供(如TCP)。

　　无连接的意思是 IP 并不维护任何关于后续数据报的状态信息。每个数据报的处理是相互独立的。这也说明,IP 数据报可以不按发送顺序接收。举个例子,如果发送端向相同的接收端发送两个连续的数据报(先是 A,然后是 B),每个数据报都是独立地进行路由选择,可能选择不同的路径,因此,B 可能在 A 到达之前先到达。

　　由于 IP 协议的第 4 版本(IPv4)在网络中仍广泛使用,本节所有内容都以 IPv4 标准为主,但是,下一代网络技术中所采用的 IPv6 也在我国逐步推广当中。

## 1.3.1　IP 报文及转发过程

### 一、IP 报文

IP 报文是网络通信的基本传送单元,包括报头和数据两部分。图 1-23 表示 IPv4 报文格式,普通的 IP 头部长度为 20 个字节,不包含 IP 选项字段。下面是部分字段的简单说明。

图 1-23　IPv4 报文格式

1. 服务类型

占 8 bit,服务类型字段指明 IP 报文将被如何处理,其中 3 位用来标识由发送者指定的优先权或重要程度。因此,该字段提供了 IP 数据报路由的优先权机制。

2. 总长度

指整个 IP 报文的长度,以字节为单位。利用报头长度字段和总长度字段,就可以知道报文中数据内容的起始位置和长度。由于该字段长 16 比特,所以 IP 报文最长可达 65 535 字节。而对于一个长达 65 535 字节的 IP 报文,大多数链路层都会对它进行分片。

3. 标识(与分片相关)

IP 报文长度如果超过最大传送单元(MTU)则需要分片,分片可以发生在原始发送端主机上,也可以发生在中间路由器上。

把一份 IP 报文分片以后,只有到达目的地才进行重新组装。重新组装由目的端的 IP 层来完成,即使只丢失一片数据也要重传整个报文。

标识字段占 16 bit,是由计数器产生的一个数字,该值会被复制到所有的数据报片的标识字段中。相同的标识字段的值使分片后的各数据报片最后能正确地重装成原来的报文。

4. 标志(与分片相关)

占 3 bit,标志字段用其中一个比特来表示"更多的片",除了最后一片外,其他每片都要把该比特置 1;另一个比特称作"不分片"位。如果将这一比特置 1,IP 协议将不对报文进行分片。如果在网络传输过程中遇到 MTU 小于报文长度时,将报文丢弃并发送一个 ICMP 差错报文。

5. 片偏移(与分片相关)

占 13 bit,指的是某片在原报文中的相对位置。也就是说,相对于用户数据字段的起点,该片从何处开始。

IP 报文分片的工作基本原理如图 1-24 所示。

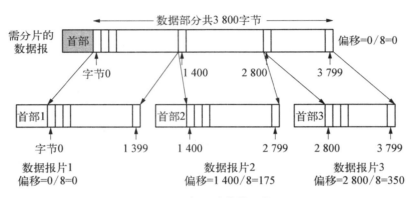

图 1-24 IP 报文分片的工作原理

6. 协议

占 8 bit,指出此报文携带的数据是使用何种协议,以便使目的主机的 IP 层知道应将数据部分交给哪个高层处理进程,表 1-2 表示出一些常用协议与对应的字段值。

表 1-2 常用协议和相应的协议字段值

| 协议名 | ICMP | IGMP | TCP | EGP | IGP | UDP | IPv6 | OSPF |
|---|---|---|---|---|---|---|---|---|
| 协议字段值 | 1 | 2 | 6 | 8 | 9 | 17 | 41 | 89 |

7. 首部校验和

根据 IP 首部计算的检验和码,它不对首部后面的数据进行计算,因为 ICMP、IGMP、UDP 和 TCP 在它们各自的首部中均含有同时覆盖首部的数据校验和码。

8. 源 IP 地址/目的 IP 地址

各占 4 字节。每一个地址代表一个网络或网络中的一台主机。

**二、IP 地址和硬件地址的比较**

图 1-25 说明了 IP 地址与硬件地址的区别。从层次的角度看,硬件地址(或物理地址、MAC 地址)是数据链路层和物理层使用的地址,而 IP 地址是网络层及以上各层使用的地址。

两种地址的具体差别如下:

① IP 地址放在 IP 报文的首部,硬件地址放在 MAC 帧的首部。

② IPv4 地址为 32 位,硬件地址为 48 位。

③ IP 地址基于逻辑,可以更改;硬件地址基于物理,固化在网卡的 ROM 中,一般不可以修改。

④ IP 地址的寻址范围是运行 IP 协议的广域网,硬件地址的寻址范围是以太局域网。

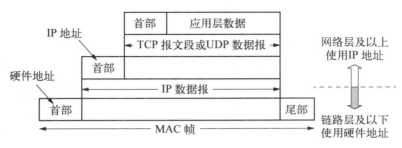

**图 1-25　IP 地址与硬件地址的区别**

### 三、IP 报文的转发过程

图 1-26 中画的是三个局域网用两个路由器 $R_1$ 和 $R_2$ 互连起来，现在主机 $H_1$ 和主机 $H_2$ 在通信。这两个主机的 IP 地址分别是 $IP_1$ 和 $IP_2$，而它们的硬件地址分别是 $HA_1$ 和 $HA_2$。

**图 1-26　IP 报文的转发过程**

转发路径是：$H_1 \rightarrow R_1 \rightarrow R_2 \rightarrow H_2$。路由器有两个端口，因此，它有两个硬件地址。表 1-3 中描述了在数据链路层和网络层上分别观察硬件地址和 IP 地址，确定在两个网络设备之间传递数据所包含的地址信息。

**表 1-3　传递数据包含的地址信息**

| | IP 数据报首部 | | MAC 帧首部 | |
| --- | --- | --- | --- | --- |
| | 源地址 | 目的地址 | 源地址 | 目的地址 |
| 从 $H_1$ 到 $R_1$ | $IP_1$ | $IP_2$ | $HA_1$ | $HA_3$ |
| 从 $R_1$ 到 $R_2$ | $IP_1$ | $IP_2$ | $HA_4$ | $HA_5$ |
| 从 $R_2$ 到 $H_2$ | $IP_1$ | $IP_2$ | $HA_6$ | $HA_2$ |

这里要指出的几点是：

① IP 数据报中的源地址和目的地址在整个传送过程中，包括经过路由器，都不会发生任何改变。

② 当 IP 数据报经过路由器时，路由器会根据目的 IP 地址的网络号进行路由选择。

③ 在具体的链路中，同一网络内的设备（主机或路由器）是根据 MAC 地址寻址。例如，在图 1-26 中，MAC 帧在不同网络上传送时，其 MAC 帧首部中的源地址和目的地址

要发生变化。

微课：IP
地址规划

**？思考**

还有两个重要问题没有得到解决：

（1）主机或路由器怎样知道向 MAC 帧的首部应填入什么样的硬件地址？

（2）路由器中的路由表是怎样产生的？

### 1.3.2　IP 地址和子网掩码

**一、IP 地址**

1. IPv4 地址简介

为了使连入互联网的众多主机在通信时能够相互识别，互联网上的每一台主机和路由器都分配有一个唯一的 32 位地址，即 IP 地址，也称作网际地址。IP 地址一般采用国际上通行的点分十进制表示。

一个 IP 地址由 4 个字节组成，字节之间用点号分隔，每个字节表示为从 0～255 的十进制数（8 位二进制数最大为 11111111，即十进制数 255），这个表示法称为 IP 地址的点分十进制表示法。例如，IP 地址"10100110 01101111 00000100 01100100"（对应的十六进制数为"A6 6F 04 64"），用点分十进制表示法就是"166.111.4.100"。

IP 地址被定义为由两个固定长度的字段组成，其中一个字段是网络号（net-id），它标志主机（或路由器）所连接到的网络，而另一个字段则是主机号（host-id），它标志该主机（或路由器）。两级的 IP 地址可以记为：

$$IP \text{ 地址} ::= \{ <网络号>, <主机号> \}$$

"::="代表"定义为"。

一般来说，互联网上的每个接口必须有一个唯一的 IP 地址，因而多接口主机（比如路由器）具有多个 IP 地址，其中每个接口都对应一个 IP 地址，如图 1-27 所示。

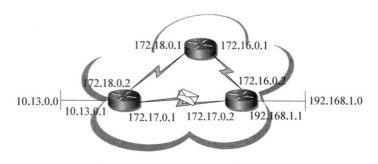

**图 1-27　互联网 IP 地址使用示例**

IPv4 使用 32 位（4 字节）地址，因此，整个地址空间中有 4 294 967 296（$2^{32}$）个地址，也就是近 43 亿个地址。不过,其中一些地址是为特殊用途保留的,如局域网专用地址(约800 万个)、测试地址(约 1 600 万个)和组播地址(约 2 700 万个),这样一来可直接在广域网上使用的、路由的公网 IP 地址数量就更加少了。

 **提示**

　　公网 IP 地址是指可以在广域网上直接使用,直接被路由,需要向 IP 地址管理机构申请、注册、购买且全球唯一的 IPv4 地址,类似于我们每个公民的身份证号。公网 IP地址直接分配给互联网的主机、服务器或其他设备,可以通过它在全球范围内找到对应的设备,如各大网站就是直接采用公网 IP 地址。

　　与公网 IP 地址对应的自然是私网 IP 地址了,又称为专网 IP 地址或者局域网 IP地址。私网 IP 地址是指仅可以在各用户自己的局域网内部使用,无需向 IP 地址管理机构申请、注册,也无须购买的 IPv4 地址,这就类似于公司内部的员工编号。

　　图 1-28 给出了各类 IP 地址的网络号字段和主机号字段。

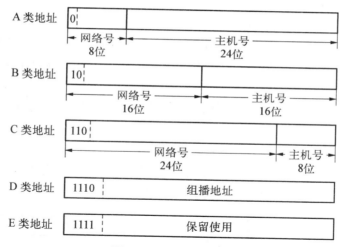

**图 1-28　IP 地址分类**

　　A 类地址的最高位为"0",与其后 7 位作为网络号,剩余 24 位用作主机号。A 类地址共 126 个网,它用于少数主机数量众多的大型网络,主机数可以为 $2^{24}-2=16\ 777\ 216-2=16\ 777\ 214$。

　　B 类地址的最高位为"10",与其后 14 位作为网络号,剩余 16 位用作主机号。B 类地址共 16 384 个网,它用于中等规模的网络,每个网络主机数最多为 $2^{16}-2=65\ 536-2=65\ 534$。

　　C 类地址的最高位为"110",与其后 21 位作为网络号,剩余 8 位用作主机号。C 类地址共 2 097 152 个网,它用于小型网络,每个网络的主机数只能少于 $2^{8}-2=256-2=254$。

　　这样我们就可得出如表 1-4 所示的 IP 地址的使用范围。

表 1－4  A、B、C 三类 IP 地址的使用范围

| 网络类别 | 最大网络数 | 第一个可用的网络号 | 最后一个可用的网络号 | 每个网络中的最大主机数 |
|---|---|---|---|---|
| A | 126 ($2^7$－2) | 1 | 126 | 16 777 214 |
| B | 16 384 ($2^{14}$) | 128.0 | 191.255 | 65 534 |
| C | 2 097 152 ($2^{21}$) | 192.0.0 | 223.255.255 | 254 |

D 类地址为组播(Multicast)地址,它用一个地址代表一组主机。组播地址是到一个"主机组"的 IP 数据报的传送,主机组是由零个或多个用同一 D 类 IP 目的地址表示的主机集合。

E 类地址是实验性地址,设计时保留给将来使用。但在目前由于地址匮乏,也被用于公网寻址分配使用。

2. 网络地址、主机地址和广播地址

在很多资料中,我们经常会看到网络地址、主机地址和广播地址这样的几个概念,那么它们代表什么含义呢?

(1)网络地址

网络地址是用来标识一个网络的地址,可以是分类地址,也可以是后面介绍的无分类地址。对应的格式如图 1－29 所示,正常 IP 地址中的网络号部分保持不变,主机号部分全为 0。

网络层设备(例如路由器等)使用网络地址来代表本网段内的主机,大大减少了路由器的路由表条目。

(2)主机地址

主机地址是用来标识指定网络中所包含的主机,它的格式用得比较少,如图 1－30 所示。其中主机号部分保持不变,网络号部分全部为 0。

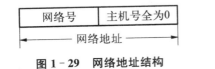

图 1－29  网络地址结构

图 1－30  主机地址结构

(3)广播地址

广播地址则是一个有类或无类网络中的最后一个 IPv4 地址,即主机号部分全为 1 的 IPv4 地址,可通过这个地址向对应网络或子网以广播方式发送数据包(也就是广播通信),让本地网络或子网的所有节点都可收到同一数据包。

 提示

根据所使用的 IPv4 地址通信用途来划分的三种方式:

单播(Unicast)是指一台源 IP 主机仅与一台目的 IP 主机进行通信的方式。单播通信中所使用的 IPv4 地址,主要是指除广播地址或保留地址外的 A 类、B 类、C 类地址,这些全是常规的单播地址。

组播(Multicast)是指一台源 IP 主机同时与网络中多台 IP 主机进行通信的方式，又称多播。组播通信所用的 IPv4 地址就是 D 类的组播地址，通过这类地址就可以把一个数据包发送到多个指定的节点上。

广播(Broadcast)是指一台源 IP 主机同时与本地网络或子网中所有其他节点进行通信的方式。上述介绍的广播地址就是广播通信所需的 IPv4 地址。

（4）可用主机地址数量计算

下面让我们来计算一下可用的 IP 地址，假定这个网段的主机部分位数为 $n$，每一位都可以有 0 或 1 这两个值的选择，所以主机地址一共有 $2^n$ 个。但是如上所述，每一个网段会有一些 IP 地址不能用作主机 IP 地址，那么可用的主机地址个数为 $2^n-2$ 个。如图 1-30 所示例子。

例如网段 172.16.0.0，有 16 个主机位，因此，有 $2^{16}$ 个 IP 地址，去掉一个网络地址 172.16.0.0，一个广播地址 172.16.255.255 不能用作标识主机，那么共有 $2^{16}-2$ 个可用地址。再如网段 192.168.1.0，有 8 个主机位，共有 $2^8=256$ 个 IP 地址，去掉一个网络地址 192.168.1.0，一个广播地址 192.168.1.255，共有 254 个可用主机地址。

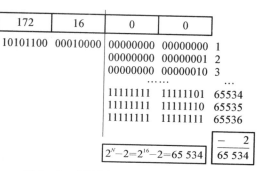

图 1-31　可用主机地址数量计算示例

3. 几类特殊的 IPv4 地址

IP 地址用于唯一的标识一台网络设备，但并不是每一个 IP 地址都是可用的，一些特殊的 IP 地址被用于各种各样的用途，不能用于标识公用网络设备。

（1）私网 IP 地址

校园网或企业网如果是与因特网连接的，则要向因特网编号管理局(IANA)的有关机构申请网络号。例如，中国教育科研网的用户向 CERNET 的网络中心申请网络号，然后再安排网上主机地址。如果只是内部的互联网，则可自己规定网上各主机的 IP 地址，一般使用在 RFC 1918 中推荐的为私有网络保留的 IP 地址空间（见表 1-5）：

表 1-5　三类私网 IP 地址

| 网络个数 | 起始地址 | 结束地址 |
| --- | --- | --- |
| 1 | 10.0.0.0 | 10.255.255.255 |
| 32 | 172.16.0.0 | 172.31.255.255 |
| 256 | 192.168.0.0 | 192.168.255.255 |

（2）127.0.0.1 地址

在配置网络设备或者进行系统主机测试时，经常用到 127.0.0.1 这个地址，被称为回环地址(Loopback)。其实不仅是该地址，所有 127 开头的地址段都属于保留测试地址。它不能分配给主机使用，但却可以用来进行各种地址管理操作，如 Ping 操作。在 IP 网络中可用来测试主机 TCP/IP 协议、网卡驱动是否工作正常。

（3）全 0 地址

全"0"的 IP 地址 0.0.0.0 代表所有的主机，在路由器上用 0.0.0.0 地址指定默认路由。

（4）全 1 地址

全"1"的 IP 地址 255.255.255.255，也是广播地址，但 255.255.255.255 代表所有主机，用于向网络的所有节点发送数据包。这样的广播不能被路由器转发。

4. IP 地址的重要特点

（1）IP 地址是一种分等级的地址结构。分两个等级的好处是：

第一，IP 地址管理机构在分配 IP 地址时只分配网络号，而剩下的主机号则由得到该网络号的单位自行分配。这样就方便了 IP 地址的管理。

第二，路由器仅根据目的主机所连接的网络号来转发分组（而不考虑目的主机号），这样就可以使路由表中的项目数大幅度减少，从而减小了路由表所占的存储空间。

（2）实际上 IP 地址是标志一个主机（或路由器）和一条链路的接口。

当一个主机同时连接到两个网络上时，该主机就必须同时具有两个相应的 IP 地址，其网络号必须是不同的，这种主机称为多归属主机。由于一个路由器至少应当连接到两个网络（这样它才能将 IP 数据报从一个网络转发到另一个网络），因此，一个路由器至少应当有两个不同的 IP 地址。

（3）用转发器或网桥连接起来的若干个局域网仍为一个网络，因此，这些局域网都具有同样的网络号。

（4）所有分配到网络号的网络，无论是范围很小的局域网，还是可能覆盖很大地理范围的广域网，都是平等的。

## 二、子网掩码

对于使用以上分类 IPv4 地址的组织，外部将该组织看作单一网络，不需要知道内部结构。例如，所有到地址 172.16.X.X 的路由被认为同一方向，不考虑地址的第三和第四个字节，这种方案的好处是减少路由表的项目。如图 1-32（a）所示，这是没有进行子网划分的编址方案。

微课：子网与
子网划分

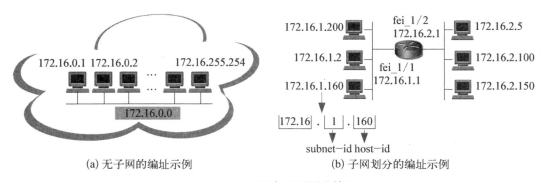

(a) 无子网的编址示例　　　(b) 子网划分的编址示例

**图 1-32　子网与子网划分情况**

　　但这种方案无法区分一个大网络内不同的网段,而把这个网络看成一个整体。这使得网络内所有主机都能收到广播包,会降低网络的性能,另外也不利于管理。

　　这就需要一种方法将这种网络分为不同的网段,按照各个子网段进行管理,这就是子网划分。在图 1－32(b)中,网络 172.16.0.0 被划分为两个子网,即 172.16.1.1 和 172.16.2.1。两个子网之间要通过路由器相互连接,而对外两个子网作为一个整体,都是由出口路由器进行数据转发。

　　那么,究竟有多少位是网络地址呢? 主机地址范围又有多大呢? 在网络中必须有这样一个参数来说明以上问题,这就是子网掩码。

　　IP 地址在没有相关的子网掩码的情况下存在是没有意义的。

　　子网掩码定义了构成 IP 地址的 32 位中的多少位用于子网位,由连续位个"1"与连续位个"0"组成,如图 1－33 所示。

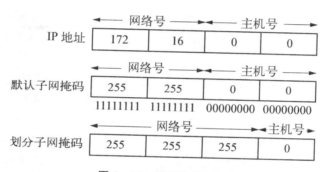

**图 1－33　子网掩码示例**

　　子网掩码中的二进制位构成了一个过滤器,它通过"按位求与"的逻辑运算,标识哪一部分是标志网络的部分,哪一部分是标志主机的部分。按位求与是对 IPv4 地址的每一位与子网掩码对应的每一位进行二进制逻辑"与"运算(AND),如图 1－34 所示。

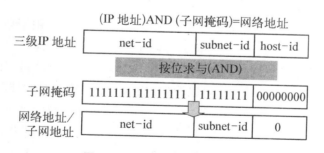

**图 1－34　子网掩码的与运算**

 **提示** ～～～～～～～～～～～～～～～～～～～～～～～～～～～～～～～～～～～～～

　　对于传统分类 IP 地址,在没有进行子网划分的情况下,也具有子网掩码,称为默认子网掩码。在表 1－6 中,A、B、C 类地址中的主机号部分,可以借作子网号的位数最多为 22 位、14 位和 6 位(原因可以自行分析)。

表 1-6 A、B、C 三类地址的默认子网掩码

| 网络类别 | 网络地址位数 | 子网掩码 |
| --- | --- | --- |
| A | 8 | 255.0.0.0 |
| B | 16 | 255.255.0.0 |
| C | 24 | 255.255.255.0 |

### 三、可变长子网掩码

为了解决 IPv4 的不足,提高网络划分的灵活性,诞生了两种非常重要的技术,那就是可变长子网掩码(VLSM)和无分类域间路由选择(CIDR),把传统的标准 IPv4 有类网络演变成一个更为高效、更为实用的无类网络。

VLSM 用于 IPv4 子网的划分,也就是把一个大的网络划分成多个小的子网;而 CIDR 则用于 IPv4 子网的聚合,当然主要是指路由方面的聚合,也就是路由汇总。下面主要讨论的是可变长子网掩码技术。

依据上述内容,VLSM 运用了子网划分技术,包括子网、子网掩码、网络地址等概念。VLSM 可以更灵活地依据实际所需的地址数来调整所划分的子网大小,可以说其就是子网划分的最典型应用。

因为在定义子网掩码的时候,我们做出了假设,在整个网络中将一致地使用这个掩码。在许多情况下,这导致浪费了很多主机地址。比如我们有一个子网,它通过串口连接了 2 个路由器。在这个子网上仅仅有两个主机,每个端口一个,但是我们已经将整个子网分配给了这两个接口。这将浪费很多 IP 地址。

如果我们使用其中的一个子网,并进一步将其划分为第 2 级子网,将有效地"建立子网的子网",并保留其他的子网,则可以最大限度地利用 IP 地址。"建立子网的子网"的想法构成了 VLSM 的基础。

为了使用 VLSM,我们通常定义一个基本的子网掩码,它将用于划分一级子网,然后用二级掩码来划分一个或多个一级子网。在图 1-35 中,我们示意了 VLSM 应用的基本情况。这里"/ ** "是指子网掩码中有多少位作为网络地址,这是 CIDR 技术的记法," ** "值越小,表示网络规模越大。可以看到,基本的子网掩码是"/16",划分后的一级是"/24",二级是"/27",三级是"/30"。

VLSM 技术对高效分配 IP 地址(较少浪费)以及减少路由表大小都起到非常重要的作用,这在超网和网络聚合中非常有用。但是需要注意的是使用 VLSM 时,所采用的路由协议必须能够支持它,这些路由协议包括 RIP2,OSPF,EIGRP,IS - IS 和 BGP。

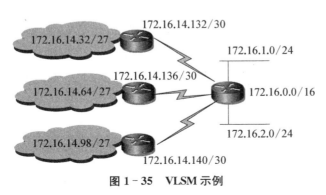

图 1-35 VLSM 示例

【示例 1】某公司有两个主要部门:市场部和技术部。技术部又分为硬件部和软件部两个部门。该公司申请到了一个完整的 C 类 IP 地址段:210.31.233.0,子网掩码255.255.255.0。为了便于分级管理,该公司采用了 VLSM 技术,将原主网络划分称为两级子网(未考虑全 0 和全 1 子网)。

市场部分得了一级子网中的第 1 个子网,即 210.31.233.0,子网掩码 255.255.255.192,该一级子网共有 62 个 IP 地址可供分配。

技术部将所分得的一级子网中的第 2 个子网 210.31.233.128,子网掩码 255.255.255.192又进一步划分成了两个二级子网,其中第 1 个二级子网 210.31.233.128,子网掩码255.255.255.224划分给技术部的硬件部,该二级子网共有 30 个 IP 地址可供分配。技术部的软件部分得了第 2 个二级子网 210.31.233.160,子网掩码 255.255.255.224,该二级子网共有 30 个 IP 地址可供分配。

【示例 2】从 198.16.0.0 起提供 IP 地址,4 个单位 A、B、C、D 分别要求 4 000、2 000、4 000 和 8 000 个地址,并按照顺序分配。请写出每一个单位的第一个 IP 地址、最后一个IP 地址及用 W.X.Y.Z/S 形式表示的掩码。

详细规划步骤如下:

(1) 设 A、B、C、D 4 个网络的主机位分别为 x、y、z、w (bit),应该满足以下条件:$2^x - 2 \geqslant 4\,000$,$2^y - 2 \geqslant 2\,000$,$2^z - 2 \geqslant 4\,000$,$2^w - 2 \geqslant 8\,000$。得到最小值为:x=12,y=11,z=12,w=13,下面在分配过程中要满足此条件。

(2) 按照网络的主机数量从大到小排列,分别为 D、A 和 C、B,下面将按照这个顺序依次进行分配。详细见图 1-36。

(3) D 单位为一级子网 198.16.0000 * /20。

(4) A 单位为二级子网 198.16.00010 * /21,C 单位为二级子网 198.16.00011 * /21。

(4) B 单位为三级子网 198.16.001000 * /22。

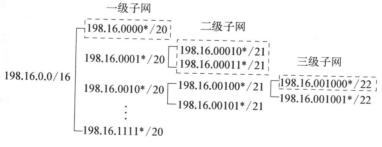

图 1-36 VLSM 子网划分示例 2

## 1.3.3 小型网络的 IP 参数规划

在对小型网络进行规划时,方案中的 IP 参数设计非常重要,需要考虑 5 个问题,分别是:

① 该网络内将划分几个子网?

② 每个子网有多少台有效主机?

③ 在该子网划分中,网络掩码是什么?

④ 每个子网的网络地址是什么?

⑤ 每个子网的广播地址是什么?

由此,我们提出以下的基本概念和计算方法。包括子网数、每个子网中的主机数、子网掩码、基数和广播地址。

● 子网数=$2^x-2$。x——子网位的比特数目,减 2——子网位全 0 和全 1,默认是无效的。例如,在 C 类网络的默认掩码中,掩码后 8 位为 1110 0000,能产生 $2^3-2=6$ 个子网。

● 每个子网的主机数=$2^y-2$。y——主机位的比特数目,减 2——主机位全 0 和全 1,是网络地址和广播地址。例如,在 C 类网络的默认掩码中,掩码后 8 位为 1110 0000,可以得到 $2^5-2=30$,每个子网有 30 台主机。

● 子网掩码——根据网络类型,确定子网位数和位置。根据对应位的权值,计算其十进制数值。例如,在 B 类网络的默认掩码中,掩码后 8 位为 1100 0000,则子网位数为 10 位,该 8 位的十进制为 $2^7+2^6=128+64=192$,子网掩码为 255.255.255.192。

● 基数=256-子网掩码。由此计算,子网地址中对应字节值=N×基数,具体见示例 2。例如,子网掩码为 255.255.255.224,则有效子网基数为 256-224=32。

● 广播地址是所有主机位为 1。

【示例 1】某企业内部有一 IP 地址 172.16.2.160,子网掩码为 255.255.255.192,要求计算该 IP 地址所处的子网网络地址、子网广播地址及可用 IP 地址范围。

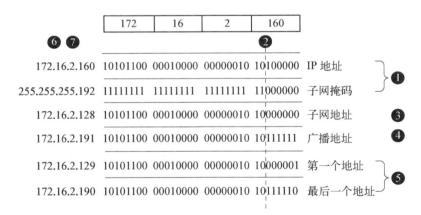

图 1-37 地址计算示例

如图 1-37 所示,详细步骤如下:

第一步 首先将 IP 地址和子网掩码转换为二进制表示。

第二步 在子网掩码的 1 与 0 之间划一条竖线,竖线左边即为网络位(包括子网位),竖线右边为主机位。

第三步 将主机位全部置 0,网络位照写就是子网的网络地址。

第四步 将主机位全部置 1,网络位照写就是子网的广播地址。

第五步　介于子网的网络地址与子网的广播地址之间的即为子网内可用 IP 地址范围。

第六步　将前 3 段网络地址写全。

第七步　最后转换成十进制表示形式。

【示例2】现有一个网络地址 202.119.200.0,要在此网络中划分 6 个子网,问需要多少位表示子网? 子网掩码是多少? 每个子网的网络地址是什么?

规划详细步骤如下:

第一步　这是一个 C 类网络,默认子网掩码为 255.255.255.0,表示网络地址为 24 位,主机地址为 8 位。

第二步　子网数$=2^x-2\geqslant6$,则 $x\geqslant3$,取 $x=3$,表示用 3 位表示子网。

第三步　其对应十进制数值为 $2^7+2^6+2^5=128+64+32=224$,子网掩码是 255.255.255.224。

第四步　子网基数$=256-224=32$,$N=1\sim6$(6 个子网),则子网地址为 202.119.200.32,202.119.200.64,202.119.200.96,202.119.200.128,202.119.200.160,202.119.200.192。

第五步　子网内有效主机数 $2^5-2=30$ 个,网络内总的主机数为 $30\times6=180$ 个。

任务布置

1. 等长子网划分

(1)等分成 4 个子网

假如单位有 4 个部门,每个部门有 60 台网络终端,现使用 192.168.0.0/24 的内网网络地址。规划每个部门的终端位于独立的网段,如何划分子网? 每个子网的可用地址范围是什么?

(2)等分成 8 个子网

假如单位有 8 个部门,现使用 192.168.0.0/24 的内网网络地址。规划每个部门的终端位于独立的网段,如何划分子网? 每个子网的可用地址范围是什么?

2. 变长子网划分

如图 1-38 所示,网络地址 192.168.0.0/24 的内网要划分成 5 个网段:三台路由器分别连接三个交换机,每个交换机各自连接 20 台、50 台、100 台计算机,路由器之间也要规划网段,请写出规划的接口地址或地址段(见表 1-7)。

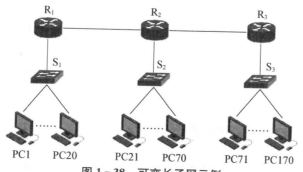

图 1-38　可变长子网示例

表1-7　地址规划填写

| 设备 | 设备接口地址 | 分配地址段 |
|---|---|---|
| R₁ | | / |
| R₂ | | / |
| R₃ | | / |
| PC1～PC20 | / | |
| PC21～PC70 | / | |
| PC71～PC170 | / | |

# 1.4　园区网组建与业务部署

在万物互联时代,随着物联网、云计算、超宽带、大数据和 AI 等技术的成熟,园区将实现完全数字化,园区内万物都会产生数据。这些数据既代表物,也代表物的状态,甚至代表人工定义的各类概念。超宽带技术使网络带宽不再是瓶颈,一切数据皆可实时上云,并实时参与计算。在云计算超强算力和各种数学分析模型的帮助下,AI 系统不断挖掘这些大数据代表的事物之间的复杂联系。园区网要发展成为智慧型、智能性网络,将实现园区内各业务数据共享共用,是各种业务终端和园内外所有数字化系统的信息基础平台。

## 1.4.1　园区专网

园区专网是指园区内部的专用网络,融合网络资源一张网包括核心骨干网络、有线网络、无线网络、物联网络四个部分:

### 一、核心骨干网络

实现一网多用,是园区的骨干网络,作为多网融合的承载,需要具备如下能力:

1. 具备 SDN 自动化部署

网络通过控制器实现全网设备资源云化管理机构,有线无线,物联网关设备统一运维,全网设备,即插即用,全自动化部署,替换免配置。

2. 超宽架构

接入至汇聚采用 10GE 链路双上行互联;汇聚至核心采用 100GE\40GE 链路互联,实现 GE 到桌面,满足 10G Wi-Fi 上行接入、POE++供电,保障未来 5~10 年网络业务扩容需求。

3. 全智能化

支持全智能网络,通过 AI 技术搭建智能化联接、运维、学习的三层 AI 架构网络,实现网络运维智能化网络运维;用户体验智能感知,用户接入网络全旅程感知;业务智能化保障,可以实现加密流量与私有定制业务的智能匹配,满足关键业务的 SLA 保障;网络安全态势智能感知,防止加密流量攻击与内网攻击横向扩散。

4. 一网多用,按需定义

实现办公、物联、安防等网络的统一承载,通过 VXLAN 或者其他虚拟网络技术对个专网进行虚拟化隔离。面向未来快速发展的 ICT 业务,通过虚拟网络可以在不改变物理网络架构基础上,实现业务网络的"快速任意重定义",支撑数字化快速创新。

5. 弹性扩展,权限随人或物而行

通过多种接入方式全面覆盖的一张物理网络,在提供无处不在的网络连接基础上,通过云化网络架构实现网络边界的弹性扩展,让网络随时跟随园区物理世界的延伸而延伸。面向各种类型的终端及物联传感器、仪表接入。终端从园区任意接入,不影响其网络访问权限、体验,并保证不同类型的终端与业务的相互隔离与安全性。

6. 全网高可靠性

从接入到汇聚到核心均可支持双上行,网络可靠性高。

## 二、无线网络

无线 WiFi 网络是当今移动终端接入采用的最广泛的技术,直接影响用户互联的体验。室内外的全面覆盖能够真正实现终端无缝接入的体验。同时考虑到高速、高密度的用户接入能力应采用当前最新的 WiFi6 技术进行部署。WiFi6 AP 可以提供高达 10Gbps 的吞吐量,有线回传推荐使用支持 MultiGE 技术的大容量接入交换机。结合物联及传输对象,也存在蓝牙、RFID、红外、UWB、Zig-Bee、LoRa、NB-IoT、NFC 等多种协议。

## 三、有线网络

有线网络从功能覆盖区域来看,可以分为两类:办公以太网络,主要是服务于办公设施,满足桌面千兆接入;住宅网络,考虑到流量主要以南北向的互联网接入为主,且房间密度较高,运维环境复杂,可选 POL 网络 或敏捷分布式 AP 部署;POL 网络技术也可广泛应用于出(售)租办公、医院、小商铺等建筑类型。

## 四、物联网络

作为智慧园区的基础承载,涉及到室内外数千的传感节点的互联,根据不同的部署环境、供电情况,考虑基于 Hi-PLC(宽带电力线载波)、WiFi 与 IoT 融合的无线近场接入结合智能终端匹配以太网络,与边缘计算物联网关一起,实现室内外的全面覆盖,满足物联设备的智能匹配,安全准入,传感信息的实时回传,边缘计算等园区物联网联接需求。

### 1.4.2 园区网络的分类

园区网络是一个在连续的、有限的地理区域内相互连接的局域网。园区是一个连续的有限区域,不连续区域的网络会被视作不同的园区网络。很多企业和校园都有多个园区,园区之间通过广域网技术进行连接,如图 1-39 所示。

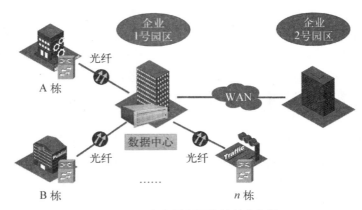

**图 1-39 企业园区网络的基本架构**

园区网络的规模可大可小,小的有 SOHO(家居办公室),大的有校园、企业、公园、购物中心等。园区的规模是有限的,一般的大型园区,例如高校园区、工业园区,规模依然限制在几平方千米以内,在这个范围内,可以使用局域网技术构建网络。超过这个范围的"园区"通常被视作一个"城域",需要用到城域网技术,相应的网络会被视作城域网。园区网络使用的典型局域网技术包括遵循 IEEE802.3 的以太网技术(有线)和遵循 IEEE802.11的 WLAN 技术(无线)。

**一、按照规模大小分类**

按照终端用户数量或者网元数量,可将园区网络分为小型园区网络、中型园区网络和大型园区网络,见表 1-8 所示。

**表 1-8 园区网络规模大小分类**

| 园区网络分类 | 终端用户数量(个) | 网络数量(个) |
|---|---|---|
| 小型园区网络 | <200 | <25 |
| 中型园区网络 | 200~1 000 | 25~50 |
| 大型园区网络 | >1 000 | >50 |

一般来说,大型园区网络需求和结构复杂,管理维护的工作量很大,因此,会有专业的运维团队负责整个园区的 IT 管理,包括园区网络的规划、技术和故障处理。同时运维团队会构建完善的管理维护平台,协助完成运维工作。

## 二、按照承载业务分类

从网络承载的业务来看,园区网络可以分为单业务园区网络和多业务园区网络。承载业务的复杂程度决定了园区网络架构的复杂性。

早期的园区网络通常只承载数据业务,园区的其他业务有其他专网承载。现在的多数中小企业网络业务单一,因此,企业的园区网络仅需要承载内部的数据通信业务,单业务园区网络的架构会趋于简单化。

先进的大型网络通常服务于独立的大型园区。园区需要提供各种基础服务,比如视频监控、车辆管理、能耗控制和身份识别等。如果在大型园区内为每种服务各自部署专门的网络,成本会很高,且管理维护非常麻烦。因此,这些基础服务的技术逐步转向数字化和以太化,以便使用成熟的以太网承载。园区网络逐渐多业务化,一个网络要承载多种不同的业务,不同的业务间需要实施隔离和保障,园区网络架构也开始复杂化和虚拟化。

## 三、按照接入方式分类

从接入方式看,园区网络可以分为有线园区网络和无线园区网络。当前园区网络多数为有线和无线的混合网络。无线园区网络不受端口位置和线缆的限制,网络使用自由,部署灵活。

传统的园区网络是有线园区网络,每台接入网络的设备都需要通过线缆连接到网络上,不同连接之间基本不存在相互的影响。因此,有线网络的架构通常是结构化、层次化的,逻辑清晰,管理简单,故障易于排查。

无线园区网络和有线园区网络的特征差异很大。无线园区网络通常基于 IEEE802.11 标准(WLAN),网络部署和安装质量会决定网络覆盖的效果,且需要定期针对网络业务情况实施网络优化,才能保证网络质量。

## 四、按照不同行业分类

典型的行业园区网络包括企业园区网络、校园网、政务园区网络、商业园区网络和住宅小区网络,下面简单介绍其中的几种:

① 企业园区网络:企业园区网络范畴很大,可以按照不同行业再往下细分。这里介绍的企业园区网络实际上特指的是基于以太网交换设备组建的企业办公网。企业办公网的组网架构一般与企业内部组织架构相对应,如图 1-40 所示。

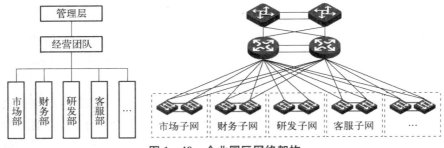

图 1-40　企业园区网络架构

② 校园网:根据教育对象的不同,校园可以分为普教园区和高教园区。普教园区面向的是中小学生和教师,内部网络结构和功能更接近企业园区网络。高教园区网络要复杂得多,不但有并行的教研网和学生网,同时还有运营性的宿舍网络,对网络的部署方式和可管理性有特别高的要求。网络不仅承担数据传输的功能,还需要承担一定的研究和教学功能,因此,对其先进性有较高要求,同时需要对在校学生的上网行为进行管理,避免出现偏激出位的行为。

③ 政务园区网络:一般指政府相关机构的内部网络,对安全性要求极高,通常采用内网和外网隔离的措施保障涉密信息的绝对安全。

## 1.4.3　园区网络的构成

园区网络虽然多种多样,但是园区网络按业务架构可以抽象成具有不同层次部件的统一模型,如图1-41所示。无论未来园区技术发生何种变化甚至革新,都可以归结为这种统一模型。

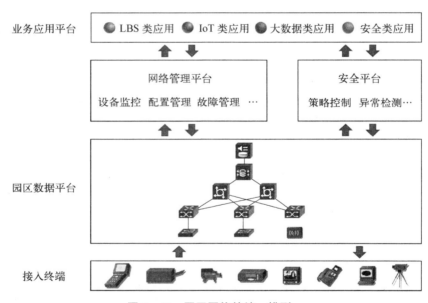

图1-41　园区网络的统一模型

### 一、数据网络

园区数据网络是基于以太网技术或者WLAN技术构建而成的,由园区内部所有数据通信设备构成,包含各类以太网交换机、AP(接入点)、WAC(无线接入控制器)和FW(防火墙)等,所有的内部数据流量都会经过园区数据网络进行转发。

园区数据网络通常由多个子网构成,用于承载不同的业务,比如所有园区都会有的办公子网,用于日常员工办公;很多园区内部会保留独立的视频会议子网,并通过专门的子网和链路保证视频会议的质量;园区数据网络会接入IoT设备,会有专门承载物联网业务数据的子网,而且由于提供不同业务的物联网技术不同,往往存在多个并行的物联网子网;另外,一般园区会有内部的数据中心,承载数据中心内部转发的子网被称为数据中心网络。

## 二、接入终端

在园区网络中,终端的所有者可能是网络管理者,也可能不是网络管理者,但可以通过管理手段获得权限,从而对园区内部的终端实施管理。这样,园区数据网络和接入终端可以充分互动,形成端到端的网络,提供更为优质的服务。例如,指定终端安装防病毒软件,接入网络前进行检查,在降低病毒对网络威胁的同时,也简化了网络的防病毒解决方案。

办公、医疗、商场、场馆……当前有越来越多的业务是通过手机、平板等移动端设备进行应用,还有很多五花八门的物联网设备也被部署在网线无法触达的边缘地带,它们所产生的数据也自然只能由5G、Wi-Fi等无线网络来进行承载。也正是因为部署灵活、接入便利的无线网络普及,才可以让海量数据被统一收集、分析、处理,从而促进了智慧园区的产生,促使企业由信息化向着数字化的方向转变。

## 三、网络管理平台

网络管理平台是一个传统的部件,但在最新的园区网络架构中,网络管理平台的定位和它的动能都发生了质的变化,新一代的网络管理平台不但具有网管的全部功能,而且能够对常用场景或者流程实施自动化管理。该平台可以实现物理网络与业务虚拟网络的分离,物理位置的变化不会影响到虚拟网络,当物理位置发生变化时,业务与用户对应的资源(如 IP 地址、安全资源、隔离通道等)和策略(如网络策略、安全策略等)可以动态跟随,从而实现管理员零干预,大大提高了运维管理的效率。

## 四、安全平台

基于新一代的网络管理平台还可以构建新一代的安全平台,通过调用管理平台提供的南北向接口,再结合采集到的网络大数据,提供智能化的安全管理。在海量设备接入之后,园区的网络中既有需要移动办公的内部用户,也有需要接入控制的外来人员,还有需要获得更高权限的管理者以及海量的物联网设备。因此,能够针对不同场景提供灵活、安全的接入认证方式,并且对于接入的员工、用户和设备提供不同层级的安全防护,就成为智慧园区网络安全统一管理的新挑战。

能够针对不同场景提供灵活的安全的接入认证方式,并且对于接入的员工、用户和设备提供不同层级的安全防护。只有已授权用户,才可以接入网络,通过局域网进行浏览、审批、收发邮件等移动办公应用。支持多种无线安全防护手段,可以抵御常见的无线网络安全威胁,如钓鱼 AP 等。

 提示 ━━━━━━━━━━━━━━━━━━━━━━━━━━━━━━━━━━━━━━━━━━

园区网络经历了几个阶段的演进,在带宽、规模以及业务融合等几个方面都有了长足的发展。然而,随着行业数字化转型的推进,园区网络在连接、体验、运维、安全、生态等几个方面又面临新的挑战,例如,IoT 业务园区连接无处不在;高清视频、AR(增强现实)/VR(虚拟现实)等业务需要高品质的网络支撑;海量的设备需要极简的业务部署和网络运维等。

为了应对上述挑战,业界厂家也逐步将 AI、大数据等新技术引入园区网络,并推出一系列新的解决方案,例如管理全面 SDN 化、架构全面虚拟化、接入全面无线化、业务全面自动化等。园区网络进入新一轮令人激动的技术创新演进阶段,这一阶段的园区网络逐步具备了智能化的特征。

## 1.4.4　园区网络设计

园区的建设是一个系统工程,它涉及多个设计细节和执行环节,需要从园区整体的高度全盘考虑,并经历一个酝酿、启动、发展的过程。系统规划既要从时间上、发展上进行纵向的考虑,又要从各个部门协调运作的横向关系上考虑;既要考虑信息基础设施建设、软件系统的建设、安全保障系统的建设等建设项目的分步实施,又要考虑这些建设项目的协调发展,最终达到以园区各类应用和信息资源建设为基础,以公众、企业为核心,面向园区管理、园区文化建设、园区生活等多层次的信息化应用,提供综合的信息资源共享和业务协同服务,构建信息化环境。

### 一、网络设计流程

网络设计是根据用户的网络环境和业务需求,设计合理的网络架构和技术方案的过程。不同场景对网络的要求是多种多样的,比如可靠性、安全性、易用性等。做好网络设计的前提是了解网络需求及网络现状。网络设计的流程如图 1-42 所示,简要来说首先进行需求调研,然后根据调研结果进行需求分析,最后根据需求分析的结果进行方案设计。

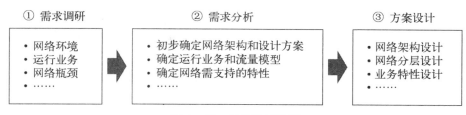

**图 1-42　网络设计流程**

### 二、网络需求调研与分析

网络需求调研与分析一般从网络环境、网络瓶颈、网络业务、网络安全、网络规模、终端类型等 6 个方面展开,下面从总体需求和其中 3 个方面的细分需求进行详细说明。

表 1-9 园区网络的总体需求

| 编号 | 需求分类 | 主要调研内容 | 调研的主要目的 |
|---|---|---|---|
| 1 | 网络环境 | 网络的建设、部署和使用情况,明确是改造网络还是新建网络 | 初步确定网络架构和设计方案 |
| 2 | 网络瓶颈 | 现有网络的瓶颈问题(改造场景),或者对网络的更高要求 | 确定网络建设的要求和目标,初步确定网络需支持的特性 |
| 3 | 网络业务 | 网络中需要部署的业务及其特性,明确网络的业务和流量模型 | 确定网络带宽和业务特性 |
| 4 | 网络安全 | 业务是否需要隔离以及相应的隔离要求(可选),网络安全建设的要求 | 确定业务隔离和网络安全防御系统的建设方案 |
| 5 | 网络规模 | 网络的用户规模以及3~5年内的增长态势 | 最终确定网络架构与设计方案 |
| 6 | 终端类型 | 终端类型及接入要求 | 确定网络接入方案 |

表 1-10 需求 1:网络环境调研

| 编号 | 调研分类 | 调研目的 | 调研内容 |
|---|---|---|---|
| 1.1 | 建设类型 | 明确是新建网络还是改造网络 | 如果是改造网络,则网络设计的复杂度增加,需要考虑更多内容,如设备的兼容性和新旧问题、网络如何平滑过渡、业务是否允许中断等 |
| 1.2 | 网络类型 | 明确是有线、无线还是有线和无线一体化融合 | 确定是否需要同时建设有线网络和无线网络,是否需要一体化融合 |
| 1.3 | 地理分布 | 明确园区地理分布是集中还是分散 | 初步确定基础网络架构,如果地理位置比较集中,可考虑单核心架构;如果地理位置比较分散,位于多个建筑物甚至多个不同地点,且各点流量比较大时,需要部署多个核心或汇聚点 |
| 1.4 | 组织架构 | 了解客户单位的组织架构,了解园区网络的大致使用情况 | 包括客户单位各组成机构如何使用网络,其网络如何部署;是否需要根据部门、区域、业务等情况来设置网络隔离;是否需要部署多个核心或汇聚点;是否有分支接入要求;如果有分支接入,需要采用何种线路接入 |
| 1.5 | 弱电分布 | 了解机房或网络设备弱电间的分布情况 | 当机房或弱电间比较多时,通常可以将网络各层以分布式的方式部署到各个机房或弱电间,即每个机房或弱电间部署一个汇聚点;此外,还要考虑设备摆放的布局及其间隔的距离等问题 |

表 1-11 需求 3:网络业务调研

| 编号 | 调研分类 | 调研内容 | 调研分析 |
|---|---|---|---|
| 3.1 | 常用业务 | 常用业务类型,包括办公、电子邮件、上网等 | 正常的办公业务对网络带宽的要求不高,通常为 300 kbit/s |
| 3.2 | 关键业务 | 关键业务类型,包括数据、VoIP、视频、桌面云等 | 园区网络属于局域网,基本不考虑网络时延问题;如果有桌面云的需求,部署时需要重点考虑网络的可靠性或可用性;如果有视频直播的需求,部署时要重点考虑带宽要求;如果有 VoIP 的需求,部署时要考虑 VoIP 与数据业务组网方式以及 PoE 供电等 |

续　表

| 编号 | 调研分类 | 调研内容 | 调研分析 |
| --- | --- | --- | --- |
| 3.3 | 特别业务 | 需要特别关注的业务 | 优先保障客户重点关注的业务,引入 QoS 设计保证客户体验 |
| 3.4 | 未来业务 | 未来 3～5 年内新增业务的类型 | 要考虑 3～5 年内业务发展的可能性,实现业务的平滑升级和扩容,避免资源浪费或无法满足使用需求 |
| 3.5 | 业务环境 | 现网业务环境 | 现有网络运行的主要网络协议、网络拓扑和设备类型、数量,了解现有网络的网络质量及其对当前业务的支撑情况 |

表 1 – 12　需求 5:网络规模调研

| 编号 | 调研分类 | 调研内容 | 调研分析 |
| --- | --- | --- | --- |
| 5.1 | 有线接入 | 有线用户或接入点规模 | 确定接入交换机的端口数量及密度,根据业务情况初步确定网络带宽需求 |
| 5.2 | 无线接入 | 无线网络规模 | 确定 WAC 的规格和 AP 的数量;确认在一些重点区域是否存在高密度接入 |
| 5.3 | 现有网络情况 | 现有网络的情况及规格 | 了解网络改造的工作量,确定网络升级方案,包括设备利旧、兼容性、平滑升级等方面的内容 |
| 5.4 | 未来网络增长 | 3～5 年后的网络规模或最高增长率 | 网络设计要满足可扩展性要求,应当考虑园区网络在未来 3～5 年的发展需要,在设计时其网络接口、容量和带宽均需要一定的余量,以便未来平滑扩容 |
| 5.5 | 分支情况 | 分支机构分布情况 | 考虑分支的数量,分支与总部的距离、连线方式,链路是否需要备份等 |

**三、智慧校园网部署案例**

高等院校的校园网是为学校师生提供教学、科研和综合信息服务的网络平台。校园网的用户人数少则几千人,多则几万人,属于典型的典型园区网络。高校一般会有新老两个校区甚至多个校区,不同校区可能分布在一个城市的不同区域,也有可能在不同城市。

智慧校园项目建设按照"合理新增、充分利旧、整体优化、统一运管"的原则,对老校区已有有线信息点梳理,完成网络融合和优化,对新校区网络进行网络规划与新建。网络建设要求有线、无线一体化校园网,覆盖大学校区的各主要建筑物,构建基于以太网组网架构的广覆盖、统一认证、统一管理的规范化校园网络。

1. 建设目标与需求分析

建设目标大致分为三个方面,列举如下:

① 多网融合:构建能够承载有线网络、无线网络及物联网的综合型网络,使校园网能够满足校园内各种数据终端及传感设备在任意位置接入的需求。

② 架构先进:整体架构在性能、容量、高可靠性及技术运用等方面至少在 5 年内保持

领先性。

③ 按需扩展：整体网络架构能够实现按需扩展，并无需对架构进行调整。

2. 整体网络规划

园区网络一般可以划分为终端层、接入层、汇聚层、核心层等，各层分区模块清晰，模块内部调整涉及的范围小，易于进行问题定位。

图 1－43 是智慧校园网的一般抽象模型。通过构建一个超宽融合的承载网络，接入整个校园所有的业务子系统及终端，实现全联接校园；然后从核心层到接入层，利用虚拟化技术，构建基于不同业务规划的虚拟网络（VN）；最后，SDN 控制器完成网络的自动化部署，实现智慧校园网的目标。具体的规划项和说明见表 1－13 所示。

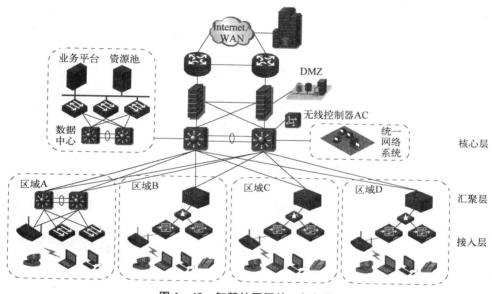

图 1－43　智慧校园网的一般架构

表 1－13　智慧校园网规划项及说明

| 序号 | 规划项 | 规划说明 |
| --- | --- | --- |
| 1 | 管理网络和开局方式规划 | 包括管理网络、开局方式 |
| 2 | 物理网络规划 | 包括设备级可靠性、链路级可靠性、OSPF 路由、BGP 路由 |
| 3 | 逻辑网络规划 | 包括设备角色及用户网关规划、Border 节点到出口网络规划、VN 及其子网规划、VN 间互访规划 |
| 4 | 出口网络规划 | 包括防火墙的安全区域规划、防火墙的双机热备及智能选路规划 |
| 5 | 业务部署规划 | 包括用户接入规划、网络策略规划 |

3. 管理网络规划

管理网络规划分为带外管理和带内管理两种。带内管理是指使用设备的业务口进行设备管理。带内管理的优势是不需要额外增加管理网络的建设成本，缺点是业务网络如果出现问题，可能会影响管理员登录设备。带外管理是采用设备专用的管理口进行设备管理,优势是可以实现管控分离,缺点是会增加额外建设管理网络的成本。

举例说明,京华大学出口设备和核心设备都部署在核心机房,地理位置集中,额外建设管理网络代价较小,因此采用带外管理方式。此外,由于设备上运行的业务复杂,开局通常要求网络工程师现场调测,采用命令行或者 Web 网管开局。接入层和汇聚层设备种类、数量众多,部署位置分散,从提高管理效率出发,推荐采用带内管理方式、即插即用开局。管理网络和开局方式规划见表 1-14 所示。

**表 1-14 管理网络和开局方式初步规划**

| 区域 | 设备 | 管理网络规划 | 开局方式规划 |
| --- | --- | --- | --- |
| 出口 | 防火墙 | 带外管理 | 本地命令行或 Web 网管 |
| 核心层 | 核心交换机 | 带外管理 | 本地命令行或 Web 网管 |
| 汇聚层 | 汇聚交换机 | 带内管理 | 即插即用 |
| 接入层 | 接入交换机 | 带内管理 | 即插即用 |
| | AP | 带内管理 | 即插即用 |

4. 物理网络规划

(1) 设备级规划要点

核心层、汇聚层及接入层采用堆叠或集群技术将两台及两台以上的交换机横向虚拟成一台交换机,并提供设备的冗余备份。

交换机设备采用堆叠或集群的方案避免了传统冗余组网时的二层环路,不需要再配置复杂的破环协议。另外,在三层网络中,堆叠或集群的系统内共享相同的路由表,缩短了网络发生故障时路由收敛的时间,堆叠或集群系统的方案使网络更易于管理、维护和扩展。

(2) 链路级规划要点

链路的冗余设计是链路级规划考虑的主要问题。在园区网络中,通常通过设备间采用的双上行链路的冗余设计来提高设备间链路的可靠性,同时对于冗余链路,常用链路聚合技术将多条物理链路通过 LACP(链路聚合控制协议)虚拟成一条逻辑的汇降(Trunk)链路,链路聚合后的接口为 Trunk 接口。链路聚合技术一方面加强了设备间链路的可靠性和链路的冗余备份;另一方面,在不升级硬件的基础上增加了链路的带宽。

(3) OSPF 路由规划

物理网络要为逻辑网络提供路由可达的承载网络,一般采用 OSPF、IS-IS 等 IP 单播路由协议。在园区网络中主要通过 OSPF 路由实现 IP 网络互通,而且 OSPF 路由技术比较成熟,网络建设的运维人员经验丰富,因此,物理网络的路由互通推荐使用 OSPF 协议。

如图 1-44 所示,核心层、汇聚层、接入要规划好互通的 IP 网段,配置 OSPF 路由协议,完成 OSPF 区域管理来实现路由的自动部署,并配合实现 BGP 源接口(Loopback0)之间的互通。

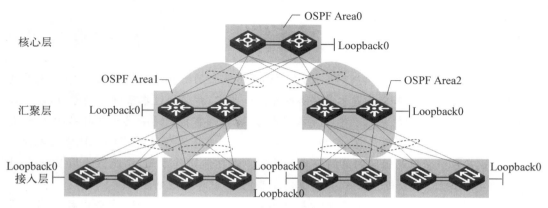

图1-44 物理网络的 OSPF 路由规划

5. 逻辑网络规划

在逻辑网络规划方案中,每个虚拟网络(VN)是一个 VPN 实例,一个 VN 中可以包含多个子网。同一个 VN 内的用户可以互通,不同 VN 内的用户是路由隔离的。VN 可以依据以下原则进行规划:

① 独立的业务部门作为一个 VN。

② 同一业务部门内用户身份的差异要求可以利用不同 VN 实现,可以通过基于用户角色划分的安全组的组间策略来管控。

根据高校的教学特点,将虚拟网络划分成教学专网、校园一卡通专网、资产管理专网、物联网专网等各种类型专网。因此,在设计网络时,需要先规划好物理网络的 VLAN 和 VN 子网的映射关系,同时配置有线用户和无线用户的 VLAN。

任务布置

➤ 为了打造端到端的智能园区网络解决方案,华为、中兴通讯、新华三等设备厂商提供了从接入层、汇聚层、核心层再到管理层部件的全系列组件。

请列举并分析某一品牌厂商的系列产品,介绍相关组件的应用场景和主要的功能特性,对园区网络做出统一的规划部署。

➤ 业界普遍认为自动驾驶是园区网络未来的发展方向之一。自动驾驶从 L3 开始具备自主意识,到了 L4 级,可以将园区网络作为基础的数字孪生发展到极致,网络自身具有预测性。随着万物互联时代到来,网络也将向 L5 级自动驾驶转变,由此看出整个园区内的所有事物都是数字孪生对象。

请展望和分析未来 L4 级和 L5 级自动驾驶网络的形态。

# 任务总结

　　本节工作任务是关于网络规划设计,需要学习并掌握网络基础知识和基本概念,尤其关于规划设计方面的理论和实践是本节任务的重点和难点,希望通过本节任务的学习,能够在这方面打下坚实而稳固的基础。学习完本节内容后,能够掌握网络分类和拓扑结构、OSI 参考模型、IP 地址和子网掩码计算,了解网络性能指标和常见网络设备、TCP/IP 协议体系结构、IP 协议基本概念以及园区网络的分类和构成。在技能操作方面,要能够使用 Wireshark 软件完成数据的抓取、分析等操作,熟练掌握小型网络 IP 参数规划方法。

　　本节工作任务主要依托"京华大学校园网络建设一期工程"项目,完成以校园网为代表的"园区网络规划与设计"任务。本节从网络组建基础知识出发,包括网络分类和拓扑、性能指标、网络设备等内容,然后到国际标准化组织制定的网络协议架构到常用协议,再到 IP 协议的工作原理以及 IP 参数的规划设计,最后将所学知识应用于园区网络尤其是智慧型园区网络的设计、运维和管理上。

　　本节内容始终以企业需求为导向,通过实际案例和现网设备的学习和介绍,将企业最新网络技术、工程经验和教育资源融入教学内容中,确保学习者能够掌握到最先进和最实用的网络技术,为将来走向工作岗位打下坚实的基础。

　　为了把复杂的内容讲解得尽可能通俗易懂,本节采用由理论学习到任务布置,教学方法上建议采用混合教学、翻转课堂和进阶课堂等,并加入国家通信技术专业教学资源库的各类信息化、数字化资源,包括大量微课、课件和动画。

# 思考与案例

　　1. 数据链路层是由 MAC 和 LLC 两个子层构成,这两个子层分别实现什么功能?

　　2. 当应用数据从源主机的高层传递到底层时,将会做什么操作?

　　3. TCP 通过什么机制来保证传输的可靠性?

　　4. 随着以太网技术发展,早期共享式集线器比起以太网交换机有哪些不足?

　　5. ARP 是什么协议? 它的作用是什么?

　　6. 某公司被分配了一个 172.16.100.0/20 网段,根据公司需要将设计部、研发部、市场部、客服部 4 个部门进行网段隔离,每个部门内部在一个网段;设计部、研发部可以支持至少100 个可用 IP 地址,市场部、客服部可以支持至少 50 个可用 IP 地址,请合理规划网段。

1. 案例描述

BAT100 公司新建办公大楼网络建设项目实例。

2. 案例要求

(1) 根据拓扑图,填写设备所属区域;

(2) 根据拓扑图的要求,完成网络设备类型、品牌型号选择;

(3) 根据拓扑图的要求,填写接口 IP 地址规划。

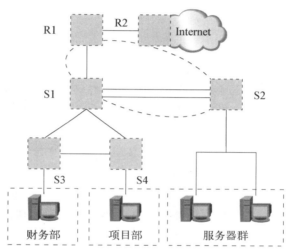

| 设备命名 | 所属区域 | 设备类型 | 建议品牌、型号 | IP 规划 |
|---|---|---|---|---|
| R1 | | | | |
| R2 | | | | |
| S1 | | | | |
| S2 | | | | |
| S3 | | | | |
| S4 | | | | |
| Manager | | | | |
| 备注 | 选项:园区网出口、核心机房、财务部、项目部、服务器群 | 选项:路由器、三层交换机、二层交换机、网管计算机 | | |

# 工作任务二

# 局部组网与配置

 **任务描述**

　　在了解网络架构后,我们可以将校园网按地域及功能分为教学、宿舍、办公和图书馆等不同区域,并完成相应 IP 地址规划设计。下面我们就需要依照规划,实现各区域局域网组建。交换机就是负责局域网络组建的常用设备。当然,建网的同时要兼顾局域网的稳定性和可靠性。本节任务:在完成设备认知的基础上,借助 VLAN(Virtual Local Area Network,虚拟式局域网)技术,根据业务类型实现教学区、生活区、办公区等区域的逻辑隔离,防止病毒肆虐;借助 STP(Spanning Tree Protocol,生成树)技术,实现各区域的环网保护,防止因某条链路断路导致局部断网;借助 LACP(Link Aggregation Control Protocol,链路聚合)技术,实现中心机房交换机之间链路扩容问题,防止局域网间因带宽不足导致卡顿。高效、稳定的局域网是学校信息化的基石。

 **知识技能**

### 知识运用要求
● 了解交换机的定义和作用。
● 了解交换机的工作原理。
● 掌握虚拟式局域网原理及分类。
● 掌握生成树的工作原理。
● 掌握链路聚合的工作原理。

### 技能操作要求
● 了解交换机的基础配置。
● 掌握 VLAN 链路的配置。
● 掌握生成树 STP 的配置。
● 掌握链路聚合的配置。

# 2.1　交换机基本配置

**需求分析**

　　交换机作为局域网接入的核心设备,其主要功能负责用户业务接入。本节任务要求学生了解交换机工作原理和性能参数,具备根据业务需求合理选择交换机的能力、交换机的识别和验收能力;在熟悉命令行结构和 VRP 系统操作的基础上,完成交换机的基本配置和远程登录配置,具备交换机的基本维护能力,为后续项目做准备。

**知识学习**

微课:交换机
工作原理

## 2.1.1　交换基础

　　所谓交换源自英文"Switch",原意是"开关",中国技术界在引入这个词汇时,翻译为"交换"。交换是按照通信两端传输信息的需要,用人工或设备自动完成的方法,把要传输的信息送到符合要求的相应终端上的技术统称。

　　交换机是一个扩大网络的设备,能为网络中提供更多的连接端口,以便连接更多的计算机。它具有性价比高、高度灵活、相对简单和易于实现等特点。以太网技术已成为当今最重要的一种局域网组网技术,以太网交换机也就成了最普及的交换机。

　　华为公司各系列交换产品广泛应用在网络组建的各个层级,成为行业主流的交换机产品,如图 2-1 所示。

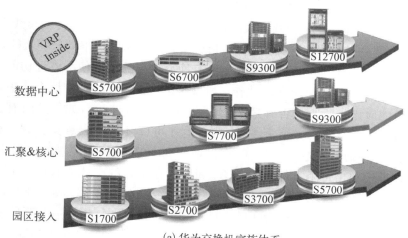

(a) 华为交换机家族体系

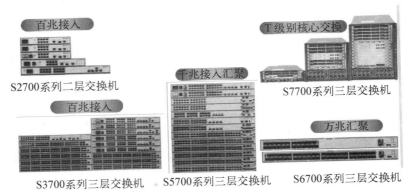

S2700系列二层交换机

S7700系列三层交换机

S3700系列三层交换机　　S5700系列三层交换机　　S6700系列三层交换机

(b) S 系列园区型交换机器

(c) S 9303交换机

图 2-1　华为公司交换机产品

## 一、以太成网及 CSMA/CD

以太网是一种局域网技术。IEEE 组织的 IEEE 802.3 标准制定了以太网的技术标准,它规定了包括物理层的连线、电子信号和介质访问层协议的内容。以太网是目前应用最普遍的局域网技术,取代了其他局域网技术,如令牌环、FDDI。

如图 2-2 所示是一个传统的以太网,所有主机连串接到同一条传输总线上。总线占用问题就成为制约传统网络性能的重要指标。以太网使用 CSMA/CD(Carrier Sense Multiple Access with Collision Detection,带有冲突检测的载波侦听多址访问)避免总线占用冲突。我们可以将 CSMA/CD 比作一种文雅的交谈。在这种交谈方式中,如果有人想阐述观点,他应该先听听是否有其他人在说话(即载波侦听),如果这时有人在说话,他应该耐心地等待,直到对方结束说话,然后他才可以开始发表意见。有一种情况,有可能两个人在同一时间都想开始说话,会出现什么样的情况呢? 显然,如果两个人同时说话,这时很难辨别出每个人都在说什么。但是,在文雅的交谈方式中,当两个人同时开始说话时,双方都会发现他们在同一时间开始讲话(即冲突检测),如图 2-3 所示,这时说话立即终止,随机地过了一段时间后,说话才开始。说话时,由第一个开始说话的人来对交谈进行控制,而第二个开始说话的人将不得不等待,直到第一个人说完,然后他才能开始说话。

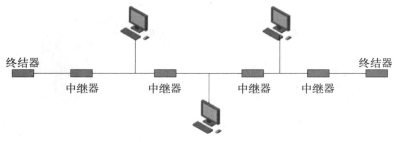

图 2-2　传统以太网(共享以太网)

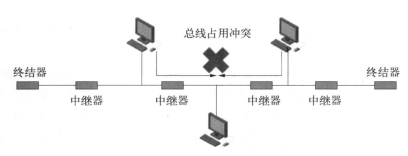

图 2-3　总线占用冲突现象

以太网的工作方式与上面的方式相同。首先,以太网网段上需要进行数据传送的节点对导线进行监听,这个过程称为 CSMA/CD 的载波侦听。如果这时有另外的节点正在传送数据,监听节点将不得不等待,直到传送节点的传送任务结束。如果某时恰好有两个工作站同时准备传送数据,以太网网段将发出"冲突"信号。这时,节点上所有的工作站都将检测到冲突信号,因为这时导线上的电压超出了标准电压。冲突产生后,这两个节点都将立即发出拥塞信号,以确保每个工作站都检测到这时以太网上已产生冲突,然后,网络进行恢复,在恢复的过程中,导线上将不传送数据。当两个节点将拥塞信号传送完,并过了一段随机时间后,这两个节点便开始启动随机计时器。第一个随机计时器到期的工作站将首先对导线进行监听,当它监听到没有任何信息在传输时,便开始传输数据。第二个工作站随机计时器到期后,也对导线进行监听,当监听到第一个工作站已经开始传输数据后,就只好等待了。

在 CSMA/CD 方式下,在一个时间段,只有一个节点能够在导线上传送数据。如果其他节点想传送数据,必须等到正在传输的节点的数据传送结束后才能开始传输数据。以太网之所以称作共享介质就是因为节点共享同一传输介质这一事实。

**二、传统以太网与交换式以太网**

现行以太网组建中分为传统式以太网和新式交换式以太网两种。两者在广播域及冲突域上有着较大区别,如图 2-4 所示。广播域也就是广播包所能传播的范围,冲突域是一旦发生总线占用冲突所能影响到的范围。

传统式以太网:HUB 工作在物理层,简单地再生,放大信号。

HUB(集线器)只对信号做简单的再生与放大,所有设备共享一个传输介质,设备必

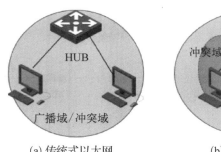

(a) 传统式以太网　　　　　　　(b) 交换式以太网

图 2-4　传统以太网和交换式以太网的区别

须遵循 CSMA/CD 方式进行通信。使用 HUB 连接的传统共享式以太网中所有工作站处于同一个冲突域和同一个广播域之中。

交换式以太网：Switch 工作在数据链路层，根据 MAC 地址转发或过滤数据帧。

交换机根据 MAC 地址转发或过滤数据帧，隔离了冲突域，工作在数据链路层，所以交换机每个端口都是单独的冲突域。如果工作站直接连接到交换机的端口，此工作站独享带宽，但是由于交换机对目的地址为广播的数据帧做洪泛的操作，广播帧会被转发到所有端口，所以所有通过交换机连接的工作站都处于同一个广播域之中。

### 三、以太网 IEEE 802.3 帧结构

对图 2-5 以太网/802.3 帧中的各字段解释如下。

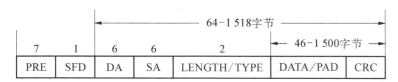

图 2-5　以太网/802.3 帧结构

PRE(Preamble)：先导字节，7 个 10101010，被用作同步。

SFD(Start of Frame Delimiter)：帧开始标志，10101011。

DA(Destination Address)：目的 MAC 地址。若第 8 位是 0，这个字段指定了一个特定站点。若是 1，该目的地址是一组地址，帧被发送往由该地址规定的预先定义的一组地址中的所有站点。每个站点的接口知道它自己的组地址，当它见到这个组地址时会做出响应。若所有的位均为 1，该帧将被广播至所有的站点。

SA(Sourse Address)：源 MAC 地址。

LENGTH/TYPE：数据和填充字段的长度(值≤1 500)/报文类型(值>1 500)。

DATA：数据字段。

PAD(Padding)：填充字段。数据字段必须至少是 46 个字节(或许更多)。若没有足够的数据，额外的 8 位位组被添加(填充)到数据中以补足差额。

CRC：校验字段，使用 32 位循环冗余校验码的错误检验。

### 四、MAC 地址

网络中每台设备都有一个唯一的网络标识,这个地址叫 MAC 地址或物理地址,由网络设备制造商生产时写在硬件内部。MAC 地址有 48 位(6 个字节),通常表示为 12 个 16 进制数,每 2 个 16 进制数之间用冒号隔开,形如:00:e0:fc:39:80:34;也可以将这个数分成三组,每组有四个数字,中间以点分开,如:00e0.fc39.8034。为了确保 MAC 地址的唯一性,IEEE 对这些地址进行管理。每个地址由两部分组成,分别是供应商代码和供应商分配序列号,如图 2-6 所示。供应商代码代表网卡制造商的名称,它占用 MAC 的前 24 位二进制数字。序列号由设备供应商管理,它占用剩余的后 24 位二进制数字。如果设备供应商用完了所有的序列号,他必须申请另外的供应商代码。目前华为产品 MAC 地址前六位为:0X00e0fc,中兴的为:00d0d0。

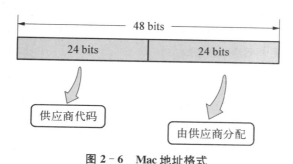

图 2-6　Mac 地址格式

## 2.1.2　以太网交换机的工作原理

以太网交换机基于目标 MAC(介质访问控制)地址做出转发决定的。在交换机中必须有一张 MAC 地址和端口对应关系的表,这张表就是 MAC 地址端口映射表,如图 2-7 所示。

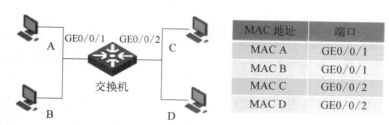

| MAC 地址 | 端口 |
| --- | --- |
| MAC A | GE0/0/1 |
| MAC B | GE0/0/1 |
| MAC C | GE0/0/2 |
| MAC D | GE0/0/2 |

图 2-7　交换机 MAC 地址表

### 一、MAC 地址学习

由于 MAC 地址表是保存在交换机的内存 RAM 之中的,所以当交换机启动时 MAC 地址表是空的。MAC 地址学习是交换机在收到一个报文时,会把报文的源 MAC 地址及入接口信息记录在 MAC 地址表项中。

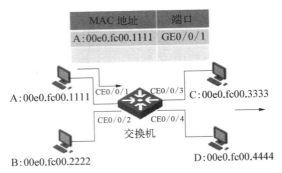

**图 2-8 地址学习示例**

🔊 **提示**

在记录该条目信息后,交换机需要通过相同端口接收相同源 MAC 地址的数据来更新该条目信息,在默认老化时间(300 s)没有从该端口收到数据信息,交换机将该条目中从 MAC 地址表项中删除(老化)。

## 二、转发和过滤功能

交换机在某端口接收到一个数据帧后的处理流程如图 2-9 所示。

**图 2-9 交换机转发过滤流程**

交换机首先判断此数据帧的目的 MAC 地址是否为广播或组播地址,如果是,即进行泛洪操作。

如果目的 MAC 地址不是广播或组播地址而是去往某设备的单播地址,交换机在 MAC 地址表中查找此地址,如果此地址是未知的,也将按照泛洪的方式进行转发。

如果目的地址是单播地址并且已经存在在交换机的 MAC 地址表中,交换机将把数据帧转发至此目的 MAC 地址关联的端口。

### 2.1.3 VRP

VRP(Versatile Routing Platform)是华为公司历时十余年开发的通用平

微课:**VRP 基础**

台,主要提供 IP 交换路由服务,广泛应用在华为公司生产的 IP 网络设备上,包括高低端交换机、路由器产品等。随着网络融合和 IP 化的趋势,VRP 也逐步应用在无线和传输设备上,例如无线的 GGSN/SGSN 和传输的 MSTP/PTN 等设备。

VRP 平台提供丰富的 IP 路由基础服务,在 IP 路由基础服务上又提供了增值服务。

## 一、设备管理方式

交换机根据是否可管理,分为网管交换机和不可网管交换机。不可网管交换机为即插即用型,可网管交换机具有网络管理、网络监控、端口监控、业务配置等功能,管控方式也相对灵活常见,管控方式如图 2-10 所示:

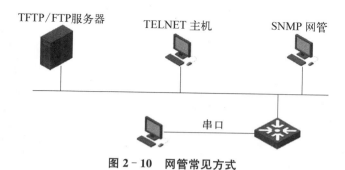

图 2-10 网管常见方式

### 1. TTY 连接配置

TTY(Terminal Type)也叫作终端服务,为用户配置设备时提供接入接口和人机交互机制。用户一般通过 Console 口、AUX 口或者 VTY 口登录。通过 Console 口,用户可以配置用户界面参数,如传输速率、数据位、停止位和校验位;通过 Telnet,用户在 PC 上通过终端仿真程序或 Telnet 客户端程序建立与 NE 40E 的连接后,再执行 Telnet 命令登录到其他设备,对其进行配置管理。

如图 2-11 所示,SW1 此时既作为 Telnet Server,也同时提供 Telnet Client 服务。

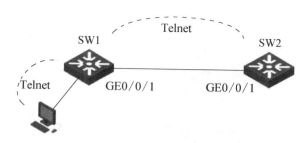

图 2-11 提供 Telnet Server&Client 服务

### 2. SSH 连接配置

SSH (Secure Shell),由 IETF 的网络小组所制定,为建立在应用层基础上的安全协议。SSH 是目前较可靠,专为远程登录会话和其他网络服务提供安全性的协议,利用 SSH 协议可以有效防止远程管理过程中的信息泄露问题。SSH 最初是 UNIX 系统上的一个程序,后来又迅速扩展到其他操作平台。SSH 在正确使用时可弥补网络中的漏洞。

SSH 客户端适用于多种平台。几乎所有 UNIX 平台,包括 HP - UX、Linux、AIX、Solaris、Digital UNIX、Irix,以及其他平台,都可运行 SSH。

3. SNMP 连接配置

SNMP(Simple Network-Management Systems,简单网络管理协议)是专门设计用于在 IP 网络管理网络节点(服务器、工作站、路由器、交换机及 HUB 等)的一种标准协议,它是一种应用层协议。

SNMP 是专门设计用于在 IP 网络管理网络节点(服务器、工作站、路由器、交换机等)的一种标准协议,它是一种应用层协议。SNMP 使网络管理员能够管理网络效能,发现并解决网络问题以及规划网络增长。通过 SNMP 接收随机消息(及事件报告),网络管理系统获知网络出现问题。

## 二、VRP 操作系统命令视图

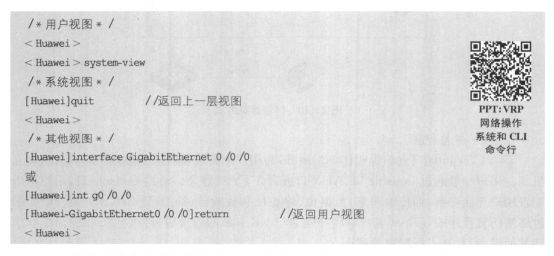

```
/ * 用户视图 * /
< Huawei >
< Huawei > system-view
/ * 系统视图 * /
[Huawei]quit          //返回上一层视图
< Huawei >
/ * 其他视图 * /
[Huawei]interface GigabitEthernet 0 /0 /0
或
[Huawei]int g0 /0 /0
[Huawei-GigabitEthernet0 /0 /0]return          //返回用户视图
< Huawei >
```

**PPT:VRP
网络操作
系统和 CLI
命令行**

VRP 操作系统由多种视图构成,通过相关命令完成各视图间灵活转换,大致视图关系如图 2-12 所示:

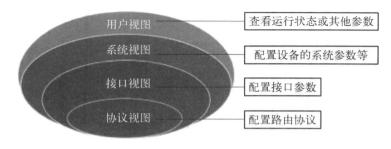

图 2-12　VRP 命令视图间关联关系

1. 用户视图< Huawei >

登录系统时,将自动进入用户视图。

用户视图下可以查看一些系统信息,执行 ping,telnet 等测试命令,还可以进行一些文件上传与下载,例如,配置文件备份等。

2.系统视图[Huawei]

在用户模式下输入 system-view 命令和相应口令后,即可进入。

系统视图下可以查看配置信息,也可以进入配置模式进行相关命令配置,如:修改设备名等。

3.接口视图[Huawei-GigabitEthernet0/0/1]

系统视图下输入 interface GigabitEthernet0/0/0 进入接口视图。

接口视图下,主要配置各类接口的参数信息,如:接口 IP 地址、链路认证等。

4.协议视图[Huawei-ospf-1]

系统视图下输入 OSPF 进入协议视图。

该视图下,主要配置相关协议的参数信息,如:路由 ID、区域等。

5.其他视图

多数为特定命令视图,如 VLAN 视图、用户接口视图、BGP 视图等。

操作练习

微课:交换机
基本配置

两台交换机用吉比特级以太网口(GE)相连,如 SW1 的 GE 0/0/1 和 SW2 的 GE 0/0/1 相连,IP 设备连接如图 2-13 所示。

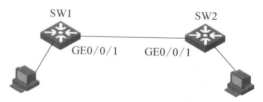

图 2-13 交换机基本配置示例

操作文本:
交换机基本配置

### 一、查看功能和修改系统时间功能基本命令

```
/*查看系统信息*/
<Huawei>display version
Huawei Versatile Routing Platform Software
VRP (R) software, Version 5.160 (AR2200 V200R007C00SPC600)
Copyright (C) 2011-2016 HUAWEI TECH CO., LTD
Huawei AR2220E Router uptime is 0 week, 1 days, 12 hours, 43 minutes
BKP 0 version information:
......output omit......
/*修改系统*/
<Huawei>clock timezone Local add 08:00:00
```

```
< Huawei > clock datetime 12:00:00 2016 - 03 - 11
< Huawei > display clock
2016 - 03 - 11 12:00:10
Friday
Time Zone(Local) : UTC + 08:00
```

display version 命令显示信息中包含了 VRP 版本、设备型号和启动时间等信息。

VRP 系统会自动保存时间,但如果时间不正确,可以在用户视图下执行 clock timezone 命令和 clock datetime 命令修改系统时间。用户可以修改 Local 字段为当前地区的时区名称。如果当前时区位于 UTC+0 时区的西部,需要把 add 字段修改为 minus。

执行 display clock 命令查看生效的新系统时间。

## 二、帮助功能和简化操作类基本命令

```
/ * 命令行帮助 * /
[Huawei]?
[Huawei]display ?                    //显示后续可输入命令集
   aaa                               AAA
   access-user                       User access
   accounting-scheme                 Accounting scheme
[Huawei]dis                          //显示以 dis 开头命令集
   display
/ * Tab 补全命令 * /
< Huawei > dis          按下 TAB 键,可自动补全命令
< Huawei > display
/ * 缩写命令 * /
< Huawei > dis
```

1. "?"帮助功能

在输入信息后输入"?"可查看以输入字母开头的命令。如输入"dis?",设备将输出所有以 dis 开头的命令;在输入的信息后增加空格,再输入"?",这时设备将尝试识别输入的信息所对应的命令,然后输出该命令的其他参数。例如:输入"dis ?",如果只有 display 命令是以 dis 开头的,那么设备将输出 display 命令的参数;如果以 dis 开头的命令还有其他的,设备将报错。

2. Tab 键补全命令

系统中输入命令时,问号是通配符,Tab 键是自动补全命令的快捷键。

另外可以使用键盘上 Tab 键补全命令,比如键入"dis"后,按下键盘"Tab"键可以将命令补全为"display"。

如有多个以"dis"开头的命令存在,则在多个命令之间循环切换。

3. 缩写功能

命令在不发生歧义的情况下可以使用简写,如"display"可以简写为"dis"或"disp"等,

"interface"可以简写为"int"或"inter"等。

### 三、交换机基本配置

```
/*修改交换机名称*/
[Huawei]sysname SW1
[SW1]
/*保存配置文件*/
<SW1> save
/*清空配置文件*/
<SW1> reset saved-configuration
/*进入交换机接口视图*/
[SW1]interface GigabitEthernet 0 /0 /1
[SW1-GigabitEthernet0 /0 /1]speed 1000           //强制1000兆
[SW1-GigabitEthernet0 /0 /1] duplex full         //强制全双工模式
[SW1-GigabitEthernet0 /0 /1]description TO-SW2-GE0 /0 /1
/*查看接口信息摘要*/
[SW1-GigabitEthernet0 /0 /1]display interface brief
```

交换机各端口默认为自适应模式,也就是可以根据对端设备的参数灵活调整匹配,现网使用中也可固定设置:【speed 1000】可以强制设定接口带宽为1000兆;【duplex full】设定该端口为全双工工作模式;【description TO-SW2-GE0 /0 /1】明确描述该接口对接设备及端口信息,方便管理员排查设备级联情况。

 提示

　　Duplex为指定业务流工作模式,分为单工、半双工和全双工三种。单工为单向收发,固定方向;半双工为双向收发,但不能同时收发;全双工效率最高,双向收发,可同时收发。

### 四、Console接口配置

```
/*进入Console接口视图*/
[SW1]user-interface console 0
[SW1-ui-console0]authentication-mode password
Please configure the login password (maximum length 16):ABC123
[SW1-ui-console0]
或
[SW1]user-interface console 0
[SW1-ui-console0]set authentication password cipher ABC123
[SW1-ui-console0]
```

user-interface为用户常见接口模式,分为Console和Vty两种。其中,Console为带内管理模式,Vty 为远程网管模式。设备首次开机通常都是使用 Console 模式进行配置。

为了增加网络及设备的安全性,我们会通过【set authentication】为设备配置登录密码,用以限制非法用户的登录。其中,密码分为 cipher 和 simple 两种状态:simple 为明文模式,配置文件中密码明文显示,安全性较低;cipher 为密文状态,密码在配置文件中以密文方式呈现,安全性较高。

### 五、Telnet 远程登录

```
/* 设置允许 5 条并发线路对此路由的远程访问(0-4) */
[SW1]user-interface vty 0 4
/* 这一句的作用是要求输入登录密码,如果是 no login 远程登录将不需要密码 */
[SW1-ui-vty0-4]authentication-mode password
Please configure the login password (maximum length 16):abc123
[SW1-ui-vty0-4]user privilege level 3
[SW1-ui-vty0-4]
或
[SW1-ui-vty0-4]set authentication password cipher abc123
[SW1-ui-vty0-4]user privilege level 3
[SW1-ui-vty0-4]
/* 设置远程登录 IP 地址 */
[SW1]inte vlan 1
[SW1-Vlanif1]ip add 192.168.1.1 24
[SW1-Vlanif1]
/* 测试其他主机远程登录功能 */
PC> telnet 192.168.1.1
/* 登录成功后,查看已经登录的用户信息 */
[SW1]display users
```

### 六、查看配置

```
/* 查看交换机基本信息 */
<SW1> display version
/* 查看交换机当前配置 */
<SW1> display current-configuration
/* 查看交换机接口信息 */
<SW1> display interface GigabitEthernet 0/0/0
/* 查看交换机 IP 信息摘要 */
<SW1> display ip interface brief
/* 查看交换机配置信息 */
<SW1> display ip routing-table
/* 保存当前配置 */
```

文本:课前任务单

| 课前学习任务单(建议 1 小时) | |
|---|---|
| 学习目标 | —掌握交换机的定义和作用<br>—掌握华为交换机体系<br>—了解 VRP 各视图 |
| 任务内容 | —知识学习:交换机基础<br>—范例学习:交换机基本配置过程<br>—完成考核任务 |
| 范例学习 | —硬件安装<br>—参数配置<br>—输入测试命令<br>—记录结果 |
| 课前任务考核 | —考核方式:线上【讨论区】<br>—考核要求Ⅰ:配置操作截图 4 幅<br>—考核要求Ⅱ:在讨论区发言 1 条,为提问、总结或配置体会等 |

文本:基础任务单

1. 基础训练(难度、任务量小)

| 基础任务单 | | | |
|---|---|---|---|
| 任务名称 | 交换机开局与日常维护配置 | | |
| 涉及领域 | 交换机基本原理 | | |
| 任务描述 | —交换机命名<br>—交换机密码设置 | —交换机基本设置<br>—交换机接口配置参数 | |
| 工程人员 | | 项目组 | 工号 |
| 操作须知 | —设备摆放、连线规范。<br>—设备配置要保存。<br>—配置窗口不要关闭、不要清空。 | | |
| 任务内容 | —搭建如图 2-14 所示网络,根据表 2-1 填写的参数,设置交换机端口参数。<br>—交换机 SW1 配置:<br>　■ 更改设备、主机名称。<br>　■ 配置端口 GE 0/0/1 接口属性。<br>　■ 配置 console 接口(建议为学号)。<br>—验证测试:<br>　■ 查看 SW1 的接口配置结果。<br>　■ 查看 SW1 的用户接口配置结果。<br>　■ 使用 ping 命令测试主机 PC1 与 SW1 的连通性。 | SW1<br>Telnet　　GE0/0/1<br>PC1<br>图 2-14　基础任务单网络拓扑 | |

续　表

| | |
|---|---|
| 网络编址 | 一根据网络拓扑图2-14设计网络设备的IP编址,填写表2-1所示地址表,根据需要填写,不需要的填写"×"。 |

表 2 - 1　设备配置地址表

| 设备 | 接口 | IP地址 | 子网掩码 | 网关 |
|---|---|---|---|---|
| SW1 | 三层 VLAN | | | |
| PC1 | E0/0/0 | | | |

| | |
|---|---|
| 验收结果 | 一网络连线、参数设计。<br>一测试连通性、测试远程登录、测试 console 密码。<br>一记录设备查看结果。 |

### 2. 进阶训练(难度、任务量大)

文本:进阶任务单

| 进阶任务单 | |
|---|---|
| 任务名称 | 交换机 Telnet 远程登录配置 |
| 涉及领域 | 交换机基础 |
| 任务描述 | 一交换机命名　　　　　　　　　　一交换机接口设置<br>一交换机密码设置　　　　　　　　一查看交换机配置参数<br>一交换机远程登录 |
| 工程人员 | ┆项目组┆　　　┆工号┆ |
| 操作须知 | 一设备摆放、连线规范。<br>一设备配置要保存。<br>一配置窗口不要关闭、不要清空。 |
| 任务内容 | 一搭建如图2-15所示网络,根据表2-2填写的IP参数,设置SW1、SW2的IP地址、子网掩码。<br>一交换机 SW1 配置:<br>　■ 更改设备、主机名称。<br>　■ 配置端口 GE0/0/1 接口属性。<br>　■ 配置端口 VLAN 1 的 IP 地址。<br>　■ 配置 Telnet 密码。(建议为学号)<br>一交换机 SW2 配置:配置 Telnet 密码。<br>一验证测试:<br>　■ 查看 SW1 的配置结果。<br>　■ 查看 SW1 的路由表。<br>　■ 使用 ping 命令测试主机 SW1 与 SW2 之间的连通性。<br>　■ 使用 PC1 远程登录 SW1 和 SW2。 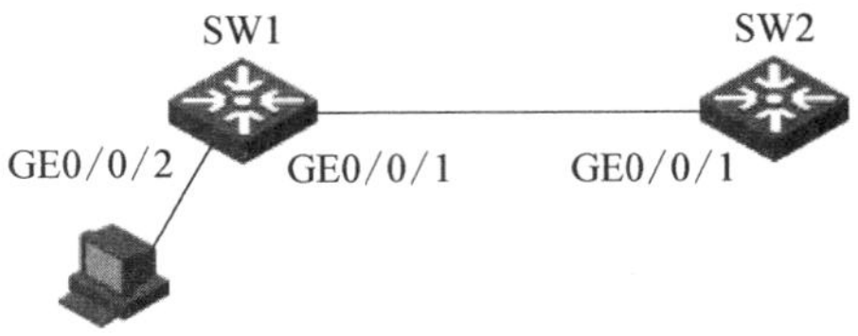 |

图 2 - 15　进阶任务单网络拓扑

续　表

| 网络编址 | 设备 | 接口 | IP 地址 | 子网掩码 | 网关 |
|---|---|---|---|---|---|
| | SW1 | 三层 VLAN | | | |
| | SW2 | 三层 VLAN | | | |
| | PC1 | E0/0/1 | | | |

—根据网络拓扑图 2-15 设计网络设备的 IP 编址,填写表 2-2 所示地址表,根据需要填写,不需要的填写"×"。

表 2-2　设备配置地址表

| 验收结果 | —拓扑设计、网络参数设计。<br>—记录查看设备结果。 |
|---|---|

# 2.2　交换机 VLAN 隔离

随着以太网交换机的普及,局域网整体性能大幅提升,但是网络规模扩大带来的广播(病毒)影响,也给局域网产生一定困扰。本节提供一种常见的广播域隔离 VLAN 技术,该技术可以打破物理端口的限制,根据业务类型将校园网虚拟分割成教学网、行政网、学工网等相对独立的局域网络。学生根据业务需求合理选择 VLAN 链路类型,在熟悉 VRP 命令体系的基础上,完成交换机 VLAN 的配置,并实现广播域的隔离,提升网络访问效率。

微课:VLAN
工作原理

## 2.2.1　广播域的困惑

组网时使用网桥(二层交换机)代替集线器(HUB),每个端口可以看成是一根单独的总线,冲突域缩小到每个端口,使得网络发送单播报文的效率大大提高,提高了二层网络的性能,但是网络中所有端口仍然处于同一个广播域中。根据网桥的二层网络工作原理,所有数据帧的转发都是依据 MAC 和 PORT 的映射表,即 MAC 地址表。在目的 MAC 未知的情况下,网桥将采取泛洪的机制来保证数据的交互。所以目的 MAC 查找失败的帧都将引起网桥在传递报文的时候要向所有其他端口复制,发送到网络的各个角落。另外,网桥在收到广播报文的时候,也将采取泛洪的方式向所有其他端口复制。如图 2-16 所示,某台主机 B 发送 ARP 报文请求服务器 A 的 MAC 地址,该报文是广播报文,因此,交换机会把该报文向所有其他端口转发。随着网络规模的扩大,网络中的复制报文越来越多,这些报文占用的网络资源越来越多,严重影响网络性能。

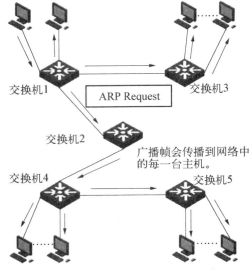

图 2 - 16　ARP 广播泛洪示意图

### 2.2.2　VLAN 基础

虚拟局域网 VLAN,是一种通过将局域网内的设备逻辑地划分成一个个网段,从而实现虚拟工作组的技术。划分 VLAN 的主要作用就是隔离广播域。

VLAN 逻辑上把网络资源和网络用户按照一定的原则进行划分,把一个物理上实际的网络划分成多个小的逻辑的网络。这些小的逻辑的网络形成各自的广播域,也就是虚拟局域网 VLAN。

如图 2 - 17 所示,一个教学楼中的几个部门共同使用一个中心交换机,但是各个部门都会有部分终端根据业务分属不同的 VLAN,形成各自的广播域,如:教工 VLAN 10、学工 VLAN 20和行政办公 VLAN 30,广播报文不能跨越这些广播域传送,从而达到物理上隔离的效果。

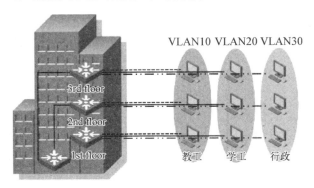

图 2 - 17　VLAN 在网络中的应用示意

### 一、VLAN 技术优势

**1. 减少移动和改变的代价**

使用 VLAN 的最终目标就是建立虚拟工作组模型。例如,在企业网中,同一个部门的就好像在同一个 LAN 上一样,很容易地互相访问,交流信息。同时,所有的广播包也都限制在该虚拟 LAN 上,而不影响其他 VLAN 的人。一个人如果从一个办公地点换到另外一个地点,而他仍然在该部门,那么该用户的配置无需改变;同时,如果一个人虽然办公地点没有变,但他更换了部门,那么,只需网络管理员更改一下该用户的配置即可。VLAN 的目标就是建立一个动态的组织环境。

**2. 限制广播包,提高带宽的利用率**

VLAN 技术有效地解决了广播风暴带来的性能下降问题。一个 VLAN 形成一个小的广播域,同一个 VLAN 成员都在由所属 VLAN 确定的广播域内。当一个数据包没有路由时,交换机只会将此数据包发送到所有属于该 VLAN 的其他端口,而不是所有的交换机的端口。这样就将数据包限制到了一个 VLAN 内,在一定程度上可以节省带宽。

**3. 增强通信的安全性**

一个 VLAN 的数据包不会发送到另一个 VLAN 中去,这样其他 VLAN 的用户收不到任何该 VLAN 的数据包,这就确保了该 VLAN 的信息不会被其他 VLAN 的人窃听,从而实现了信息的保密;当网络规模增大时,局部网络出现的问题往往会影响整个网络,引入 VLAN 之后,可以将一些网络故障限制在一个 VLAN 之内。

**4. 降低管理维护的成本**

由于 VLAN 是逻辑上对网络进行划分,组网方案灵活,配置管理简单,降低了管理维护的成本。

### 二、VLAN 的划分方式

VLAN 的划分方式有多种,可以根据不同的参数来划分,目前在实际网络中使用的都是基于端口来划分的,就是在交换机的端口上设置不同的 VLAN ID 来区分不同的虚拟局域网,以达到隔离不同广播域的目的。

**1. 基于端口划分 VLAN**

这种划分 VLAN 的方法是根据以太网交换机的端口来划分。

具体原理过程参考图 2-18 所示,交换机的端口 1 属于 VLAN 10,端口 2 属于 VLAN 20,端口 3、4 属于 VLAN 30。当然,这些属于同一 VLAN 的端口可以不连续,如何配置,由管理员决定。

图 2-18 中端口 1 被指定属于 VLAN 10,端口 3 和端口 4 被指定属于 VLAN 30。那么,连接在端口 1 的主机就属于 VLAN 10,连

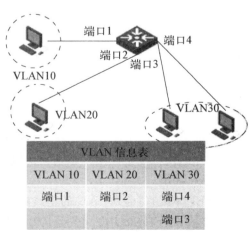

| VLAN 信息表 | | |
| --- | --- | --- |
| VLAN 10 | VLAN 20 | VLAN 30 |
| 端口1 | 端口2 | 端口4 |
| | | 端口3 |

**图 2-18 基于端口划分 VLAN 的实例**

接在端口 3 和端口 4 的主机就属于 VLAN 30。交换机维护一张 VLAN 映射表，这个 VLAN 映射表记录着端口和 VLAN 的对应关系。

根据端口划分是目前定义 VLAN 的最常用的方法。这种划分的方法的优点是定义 VLAN 成员时非常简单，只要将所有的端口都指定一下就可以了。它的缺点是如果某个 VLAN 用户离开了原来的端口，到了一个新的交换机的某个端口，那么就必须重新配置这个端口。

### 2. 基于 MAC 地址划分 VLAN

这种划分 VLAN 的方法是根据每个主机的 MAC 地址来划分的，即对所有主机都根据它的 MAC 地址配置主机属于哪个 VLAN。如图 2 - 19 所示，交换机维护一张 VLAN 映射表，这个 VLAN 表记录着 MAC 地址和 VLAN 的对应关系。这种划分 VLAN 的方法的最大优点就是当用户物理位置移动，即从一个交换机换到其他的交换机时，VLAN 不用重新配置，所以可以认为这种根据 MAC 地址的划分方法是基于用户的 VLAN。

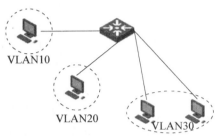

图 2 - 19  根据 MAC 地址划分 VLAN 的示意图

这种方法的缺点是初始化时，所有的用户都必须进行配置，如果用户很多，配置的工作量很大。另外，对于使用移动办公的用户来说，他们的笔记本网卡一旦更换，VLAN 就必须不停地配置。这些对于校园网管理员而言都是不可能完成的任务。

### 3. 基于协议划分 VLAN

这种方式是根据二层数据帧中协议字段进行 VLAN 的划分。如果一个物理网络中既有 Ethernet II 又有 LLC 等多种数据帧通信的时候，可以采用这种 VLAN 的划分方法。而现实网络中绝大部分用户都使用标准以太网网络协议，所以此类基于协议的划分方式很少使用。

### 4. 基于 IP 子网划分 VLAN

基于 IP 子网划分的 VLAN 根据报文中的 IP 地址决定报文属于哪个 VLAN，同一个 IP 子网的所有报文属于同一个 VLAN。这样可以将同一个 IP 子网中的用户划分在一个 VLAN 内。

这种方法的缺点是效率低，因为检查每一个数据包的网络层地址是很费时的。

### 三、VLAN 帧格式

目前，实现 VLAN 功能的技术有很多，因此，极可能给用户造成设备不兼容的问题，导致用户的投资浪费。中兴系列交换机，均采用的是 IEEE 组织定义的 802.1Q 协议来实现 VLAN 功能。

IEEE 802.1Q 是 VLAN 的正式标准，定义了同一个物理链路上承载多个子网的数据流的方法。IEEE 802.1Q 定义了 VLAN 帧格式，为识别帧属于哪个 VLAN 提供了一个标准的方法。这个格式统一了标识 VLAN 的方法，有利于保证不同厂家设备配置的

VLAN 可以互通。

IEEE 802.1Q 定义了以下内容：

① VLAN 的帧结构；

② VLAN 中所提供的服务；

③ VLAN 实施中涉及的协议和算法。

IEEE 802.1Q 协议不仅规定 VLAN 中的 MAC 帧的格式，而且还制定诸如帧发送及校验、回路检测对服务质量（QoS）参数的支持以及对网管系统的支持等方面的标准。

如图 2-20 所示，是 IEEE 802.1Q 的帧结构示意图。

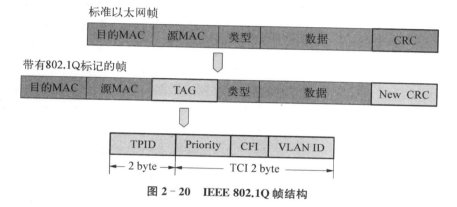

图 2-20 IEEE 802.1Q 帧结构

由上可知 802.1Q 帧是在普通以太网帧的基础上，在源 MAC 地址和类型字段之间插入一个四字节的 TAG 字段，这就是 802.1Q VLAN 标签头。

这四字节的 802.1Q 标签头包含了 2 个字节的标签协议标识（TPID）和 2 个字节的标签控制信息（TCI）。

TPID（Tag Protocol Identifier）是 IEEE 定义的新的类型，表明这是一个加了 802.1Q 标签的帧。TPID 包含了一个固定的值 0x8100。

TCI（Tag Control Information）包含的是帧的控制信息，它包含了下面的一些元素：

Priority：这 3 位指明帧的优先级。一共有 8 种优先级，0～7，数值越大，优先级越高，IEEE 802.1p 标准使用这三位信息。

Canonical Format Indicator（CFI）：CFI 值为 0 说明是规范格式，1 为非规范格式。它被用在令牌环/源路由 FDDI 介质访问方法来指示封装帧中所带地址的比特次序信息。

VLAN Identified（VLAN ID）：这是一个 12 位的域，指明 VLAN 的 ID，一共 4 094 个，范围为 1～4 094，其中 0 和 4 095 保留使用，在网络数据业务中不使用这两个 VLAN ID。每个支持 802.1Q 协议的交换机发送出来的数据包都会包含这个域，以指明自己属于哪一个 VLAN。

## 四、VLAN 端口类型

VLAN 中有三种端口类型：Access、Trunk 和 Hybrid，下面我们分别介绍这三种端口类型的工作原理和方式。

1. Access 端口

用于连接主机和交换机的链路就是接入(Access)链路。通常情况下主机并不需要知道自己属于哪些 VLAN,主机的硬件也不一定支持带有 VLAN 标记的帧。主机要求发送

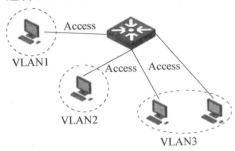

图 2-21 Access 链路示意图

和接收的帧都是没有打上标记的帧,所以 Access 链路接收和发送的都是标准的以太网帧。

Access 链路属于 Access 端口,这个端口属于一个并且只能是一个 VLAN。这个端口不能直接接收其他 VLAN 的信息,也不能直接向其他 VLAN 发送信息。不同 VLAN 的信息必须通过三层路由处理才能转发到这个端口上。Access 链路的示意图如图 2-21 所示。

Access 链路概念总结如下:

① Access 链路一般是指网络设备与主机之间的链路;

② 一个 Access 端口只属于一个 VLAN;

③ Access 端口发送不带标签的报文;

④ 缺省的所有端口都包含在 VLAN 1 中,且都是 Access 类型。

2. Trunk 端口

Trunk 端口承载 Trunk(干道)链路,Trunk 链路是可以承载多个不同 VLAN 数据的链路。干道链路通常用于交换机间的互连,或者用于交换机和路由器之间的连接。

数据帧在干道链路上传输的时候,交换机必须用一种方法来识别数据帧是属于哪个 VLAN 的。IEEE 802.1Q 定义了 VLAN 帧格式,所有在干道链路上传输的帧都是打上标记的帧(tagged frame)。通过这些标记,交换机就可以确定哪些帧分别属于哪个 VLAN。

如图 2-22 所示,和接入链路不同,干道链路是用来在不同的设备之间(如交换机和路由器之间、交换机和交换机之间)承载 VLAN 数据的,因此,干道链路是不属于任何一个具体的 VLAN 的。通过配置,干道链路可以承载所有的 VLAN 数据,也可以配置为只能传输指定 VLAN 的数据。

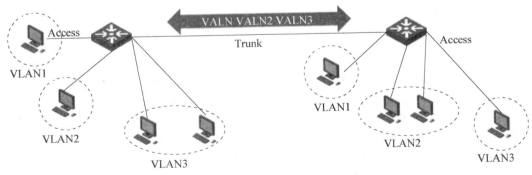

图 2-22 Trunk 链路示意图

Trunk 链路虽然不属于任何一个具体的 VLAN,但是必须给干道链路配置一个 PVID(Port VLAN ID)。当不论因为什么原因,Trunk 链路上出现了没有带标记的帧,交

换机就给这个帧增加带有 PVID 的 VLAN 标记,然后进行处理。

对于多数用户来说,手工配置太麻烦了。一个规模比较大的网络可能包含多个 VLAN,而且网络的配置也会随时发生变化,导致根据网络的拓扑结构逐个交换机配置 Trunk 端口过于复杂。这个问题可以由 GVRP 协议来解决:GVRP 协议根据网络情况动态配置干道链路。

Trunk 链路的概念总结如下:

① Trunk 链路一般是指网络设备与网络设备之间的链路;

② 一个 Trunk 端口可以属于多个 VLAN;

③ Trunk 端口通过发送带标签的报文来区别某一数据包属于哪一 VLAN。

3. Hybrid 端口

英文 Hybrid 是"混合的"意思。在这里,Hybrid 端口可以用于交换机之间连接,也可以用于连接用户的计算机。

Hybrid 模式的端口可以汇聚多个 VLAN,是否打标签由用户自由指定,可以接收和发送多个 VLAN 报文,可以剥离多个 VLAN 的标签。

Hybrid 端口与 Trunk 端口的不同之处在于:

① Hybrid 端口可以允许多个 VLAN 的报文不打标签;

② Trunk 端口只允许缺省 VLAN 的报文不打标签;

③ 在同一个端口中 Hybrid 端口和 Trunk 端口不能并存。

 提示

PVID(Port VID)是端口的 VLAN ID,不同类型端口 PVID 区别如下:

普通的 Access 端口 PVID 和 VID 只有一个而且是一致的;

Hybird 或者 Trunk 端口可以属于多个 Vlan,但是只能有一个 PVID,因而 PVID 也可以自己修改,收到一个不带 TAG 头的数据包时,会打上 PVID 所表示的 VLAN 号,视同该 VLAN 的数据包处理。

 操作练习

微课:
Access 配置

两台交换机用吉比特级以太网口(GE)相连,如 SW1 的 GE 0/0/1 与 PC1 相连、GE 0/0/2 与 PC2 相连,PC 机的 IP 地址规划如图 2-23 所示。

操作文本:
Access 基本配置

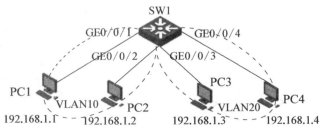

图 2-23　Access 配置示例

## 一、创建 VLAN& 删除基本命令

```
/* 创建 VLAN */
<Huawei> system-view
[Huawei]sysname SW1
[SW1]vlan 10
[SW1]vlan batch 10 20
[SW1]undo vlan 10
```

系统试图借助 VLAN 创建某一 VLAN,或者可以借助 VLAN batch 批量创建多个 VLAN;如果某些 VLAN 创建错误,可以借助 undo 进行 VLAN 的删除。

## 二、Access 端口配置基本命令

```
/* Access 端口配置 */
[SW1] inter GigabitEthernet 0 /0 /10
[SW1-GigabitEthernet0 /0 /1]port link-type ?
  access          Access port
  hybrid          Hybrid port
  trunk           Trunk port
[SW1-GigabitEthernet0 /0 /1]port default vlan 10
/* 批量划分端口 port-group */
[SW1]port-group 1
[SW1-port-group-1]group-member Gig0 /0 /2 to Gig0 /0 /3
[SW1-port-group-1]port link-type access
[SW1-port-group-1]port default vlan 10
/* 查看配置情况 */
<SW1> dis vlan
```

link-type 提供 4 种端口类型,其中 Access 端口和 Trunk 端口为常用端口,default vlan 命令旨在修改 PVID 属性。

华为交换机默认端口类型为 Hybird Untag 模式,如果想将多个端口批量加入某个 vlan 中,需要借助 port-group 来实现。

## 三、Trunk 端口配置基本命令

```
/* Trunk 端口配置 */
[SW1] inter GigabitEthernet 0 /0 /10
[SW1-GigabitEthernet0 /0 /10]port link-type trunk
[SW1-GigabitEthernet0 /0 /10]port trunk allow-pass vlan ?
    INTEGER<1-4094>   VLAN ID
    all               All
```

```
[SW1 - GigabitEthernet0 /0 /10]port trunk allow - pass vlan 10 20
[SW1 - GigabitEthernet0 /0 /10]port trunk pvid vlan 10
[SW1]display vlan
```

allow-pass VLAN 命令实现所属 VLAN 的添加。其中,该命令有两个常见参数：INTEGER < 1 - 4094 >实现单个 VLAN 的添加;all 代表一次导入所有 VLAN。一旦 Trunk 端口可以承载多个 VLAN,但是端口的 PVID 属性只能有一个,默认属于 VLAN 1;通常借助 port trunk pvid VLAN 命令实现 Pvid 的修改。

### 四、查看配置

```
/ * 查看 vlan 信息 * /
< SW1 > display vlan
The total number of vlans is : 3
------------------------------------------------------------------------
U: Up;         D: Down;          TG: Tagged;         UT: Untagged;
MP: Vlan - mapping;              ST: Vlan - stacking;
# : ProtocolTransparent - vlan;    * : Management - vlan;
------------------------------------------------------------------------
VID  Type    Ports
------------------------------------------------------------------------
1    common   UT:GE0 /0 /1(D)     GE0 /0 /2(D)     GE0 /0 /3(D)     GE0 /0 /4(D)
              GE0 /0 /5(D)     GE0 /0 /6(D)     GE0 /0 /7(D)     GE0 /0 /8(D)
              GE0 /0 /9(U)     GE0/ 0/ 10(U)    GE0 /0 /11(D)    GE0 /0 /12(D)

10   common   TG: GE0/ 0/ 10(U)
20   common   TG: GE0/ 0/ 10(U)
VID  Status  Property      MAC - LRN Statistics Description
------------------------------------------------------------------------
1    enable  default    enable  disable    VLAN 0001
10   enable  default    enable  disable    VLAN 0010
20   enable  default    enable  disable    VLAN 0020
[Huawei]
```

display vlan：查看 VLAN 的配置,端口状态显示为［UT｜TG］：GE0/ 0/ 10（［D|U］）。

［UT｜TG］：UT 即为 Untag 代表不带标签转发;TG 为 Tag 代表带标签转发。

［D｜U］：D 即为 Down 代表端口未启动;U 即为 UP 代表该端口已正常启动。

将交换机的 GE0/ 0/ 10 设置为 Trunk 端口,并且允许该端口转发 VLAN 10 和 VLAN 20 的用户数据,配置好后,GE0/ 0/ 10 端口的显示为:TG:GE0/ 0/ 10(D)。

文本:课前任务单

| 课前学习任务单(建议 1 小时) | |
|---|---|
| 学习目标 | —掌握局域网的广播域弊端<br>—掌握 VLAN 技术作用<br>—了解 VLAN 链路分类 |
| 任务内容 | —知识学习:VLAN 基础<br>—范例学习:VLAN 配置过程<br>—完成考核任务 |
| 范例学习 | —参数配置<br>—VLAN 分类及配置<br>—输入测试命令<br>—记录结果 |
| 课前任务考核 | —考核方式:线上【讨论区】<br>—考核要求 I:在讨论区发言 1 条,为提问、总结或配置体会等 |

文本:基础任务单

1. 基础训练(难度、任务量小)

| 基础任务单 | | | | |
|---|---|---|---|---|
| 任务名称 | 交换机 Access 链路配置 | | | |
| 涉及领域 | 交换机 VLAN 原理 | | | |
| 任务描述 | —交换机命名<br>—交换机密码设置<br>—单交换机上 Access 配置 | | —交换机基本设置<br>—交换机 Telnet 配置 | |
| 工程人员 | | 项目组 | | 工号 |
| 操作须知 | —设备摆放、连线规范。<br>—设备配置要保存。<br>—配置窗口不要关闭、不要清空。 | | | |

| 基础任务单 | |
|---|---|
| 任务内容 | —搭建如图 2-24 所示网络,根据表 2-3 填写的参数,设置交换机端口参数。<br>—交换机 SW1 配置:<br>　■ 更改设备、主机名称。<br>　■ 配置远程登录密码(建议为学号)。<br>—交换机 SW2 配置:<br>　■ 创建 VLAN。<br>　■ Access 端口划分。<br>—验证测试:<br>　■ 查看 SW1 的接口配置结果。<br>　■ 查看 VLAN 配置结果。<br>　■ 使用 ping 命令测试主机 PC1 与 PC2、PC1 与 PC3 之间的连通性。<br><br>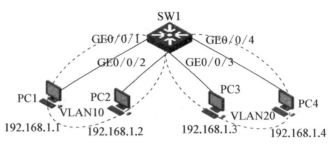<br><br>图 2-24　基础任务单网络拓扑 |
| 网络编址 | —根据网络拓扑图 2-24 设计网络设备的 IP 编址,填写表 2-3 所示地址表,根据需要填写,不需要的填写"×"。<br><br>表 2-3　设备配置地址表<br><br>| 设备 | 接口 | IP 地址 | 子网掩码 | VLAN |<br>|---|---|---|---|---|<br>| PC1 | GE0/0/1 | | | |<br>| PC1 | GE0/0/2 | | | |<br>| PC1 | GE0/0/3 | | | |<br>| PC1 | GE0/0/4 | | | | |
| 验收结果 | —网络连线、参数设计。<br>—查看 VLAN 属性、测试连通性。<br>—记录设备查看结果。 |

文本:进阶任务单

2. 进阶训练(难度、任务量大)

| 进阶任务单 | | | | |
|---|---|---|---|---|
| 任务名称 | 跨交换机 Trunk 链路配置 | | | |
| 涉及领域 | 交换机 VLAN 原理 | | | |
| 任务描述 | —交换机命名<br>—交换机密码设置<br>—单交换机上 Access 配置 | | —交换机基本设置<br>—交换机 Telnet 配置<br>—跨交换机上 Trunk 配置 | |
| 工程人员 | | 项目组 | | 工号 |
| 操作须知 | —设备摆放、连线规范。<br>—设备配置要保存。<br>—配置窗口不要关闭、不要清空。 | | | |
| 任务内容 | —搭建如图 2-25 所示网络,根据表 2-4 填写的参数,设置交换机端口参数。<br>—交换机 SW1 配置:<br>　■ 更改设备、主机名称。<br>　■ 配置远程登录密码(建议为学号)。<br>—交换机 SW2 配置:<br>　■ 创建 VLAN。<br>　■ Access 端口划分。<br>—验证测试:<br>　■ 查看 SW1 的接口配置结果。<br>　■ 查看 VLAN 配置结果。<br>　■ 使用 ping 命令测试主机 PC1 与 PC2、PC1 与 PC3 之间的连通性。<br><br>SW1 GE0/0/10　　　　　　GE0/0/10 SW2<br>GE0/0/1　GE0/0/4　　GE0/0/1　GE0/0/4<br>GE0/0/2　GE0/0/3　　GE0/0/2　GE0/0/3<br>PC1 VLAN10　　PC2　VLAN20　　PC3 VLAN10　　PC4 VLAN20<br>192.168.1.1　192.168.1.2　192.168.1.3　192.168.1.4　192.168.1.5 192.168.1.6　192.168.1.7　192.168.1.8<br><br>图 2-25　基础任务单网络拓扑 | | | |

| 进阶任务单 | | | | | |
|---|---|---|---|---|---|
| 网络编址 | —根据网络拓扑图 2-25 设计网络设备的 IP 编址,填写表 2-4 所示的地址表,根据需要填写,不需要的填写"×"。 | | | | |

**表 2-4 设备配置地址表**

| 设备 | 接口 | IP 地址 | 子网掩码 | Vlan |
|---|---|---|---|---|
| PC1 | GE0/0/1 | | | |
| PC2 | GE0/0/2 | | | |
| PC3 | GE0/0/3 | | | |
| PC4 | GE0/0/4 | | | |
| PC5 | GE0/0/1 | | | |
| PC6 | GE0/0/2 | | | |
| PC7 | GE0/0/3 | | | |
| PC8 | GE0/0/4 | | | |

| 验收结果 | —网络连线、参数设计。<br>—查看 VLAN 属性、测试连通性。<br>—记录设备查看结果。 |
|---|---|

# 2.3 交换机 STP 保护

需求分析

　　日益丰富的信息化教学手段对校园局域网提出了更高的要求,冗余保护也就成了局域网中不可或缺的基本技术。本节提供一种局域网中高效切换的局域网冗余保护技术——STP(Spanning Tree Protocol,生成树协议)。它既可以搭建冗余链路起到链路的有效保护,又能解决学生私拉私接导致的局域网环路问题,可以保证我们校园网的健壮性。

微课:二层
环路的危害

### 2.3.1 环路的问题

以太网以其简单、便捷、高效等特点,逐步成为当前局域网组网及宽带接入网最为常用的技术,事实上已经成为局域网、IP 城域网及宽带接入网的通用标准。而单链路以太网存在较大断网风险,已经不能满足人们对可靠网络的需求。现今网络为了防止单链路故障,一般都会设置冗余备份链路。而在交换网络中,"透明"网桥毕竟不是路由器,它不会对报文做任何修改,报文中也不会记录到底经过了几个交换机,这样报文有可能在环路中不断循环和增生,造成网络的拥塞,因而导致了网络中"路径回环"问题的产生。

以太网环路是指由于网络连线不规范、碰线等原因致使整个网络的数据转发路径存在环路,由此引发的危害主要包括广播风暴、MAC 地址漂移、多帧复制等,从而导致整个网络阻塞、中断。危害大致如下:

1. 广播风暴产生

Host X 发送了一个广播包,交换机 A 和 B 都将收到这个广播包,按照交换机的工作原理,它们分别会进行转发。交换机 A 会再次收到来自交换机 B 的相同的广播包,同样交换机 B 也会收到来自 A 的相同的包,这样会不断重复循环下去。这样,广播包在该网络中不断被重复转发,占据网络带宽,导致正常数据不能被转发,这种现象称为"广播风暴",如图 2-26 所示。

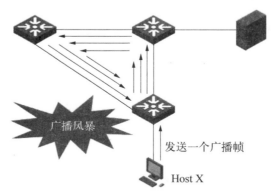

图 2-26 广播风暴示意图

2. 多帧复制和地址表不稳定

Host X 发送一个单播帧到 Router Y,任何一台交换机都没有学到过 Router Y 的 MAC 地址,因此,Router Y 将收到两个完全一样的重复帧,Host X 发送一个单播帧到 Router Y。网络中任何一台交换机都没有学到过 Host X 的 MAC 地址。Switch A 和 Switch B 从各自的 port 0 接口学到 Host X 的 MAC 地址,将其加入 MAC 地址表项中。根据交换机工作原理,该帧被泛洪(Flooding)转发出去,这样的话,Switch A 和 Switch B 又都从各自的 port 1 接口学习到了 Host X 的 MAC 地址,并将其加入 MAC 地址表项中。这样一个 MAC 地址对应了两个端口,导致了交换机在接收到目的 MAC 为此帧时,不知道从哪个端口发送,因为 MAC 与端口的映射关系不稳定,如图 2-27 所示。

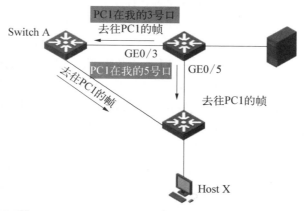

图 2-27 地址表不稳定示意图

### 2.3.2 生成树原理概述

在二层网络中,交换机转发报文时不会对报文做任何修改的,报文中不会记录到底经过了几个交换机,如果网络中存在环路,报文有可能在环路中不断循环和增生,造成网络的拥塞,因而导致了网络中"路径回环"问题的产生。为了解决二层网络中的环路问题,通常采用生成树协议,即 STP 协议。

生成树协议(Spanning Tree)定义在 IEEE 802.1D 中,是一种链路管理协议,它为网络提供路径冗余,同时防止产生环路。为使以太网更好地工作,两个工作站之间只能有一条活动路径。STP 允许交换机之间相互通信以发现网络物理环路。该协议定义了一种算法,交换机能够使用它创建无环路(loop-free)的逻辑拓扑结构。

生成树协议操作对终端站透明,也就是说,终端站并不知道它们自己是否连接在单个局域网段或多网段中。当有两个网桥同时连接相同的计算机网段时,生成树协议可以允许两网桥之间相互交换信息,这样只需要其中一个网桥处理两台计算机之间发送的信息。

### 一、网桥协议数据单元(BPDU)

网桥协议数据单元(Bridge Protocol Data Unit),是一种生成树协议问候数据包,它以可配置的间隔发出,用来在网络的网桥间进行信息交换。主要字段如图所示:

Protocol ID——恒为 0。

Version——恒为 0。

Type——决定该帧中所包含的两种 BPDU 格式类型(配置 BPDU 或 TCN BPDU)。

Flags——标志活动拓扑中的变化,包含在拓扑变化通知(Topology Change Notifications)的下一部分中。

Root ID——包括有根网桥的网桥 ID。会聚后的网桥网络中,所有配置 BPDU 中的该字段都应该具有相同值(单个 VLAN)。NetXRay 可以细分为两个 BID 子字段:网桥优先级和网桥 MAC 地址。

Root Path Cost——通向有根网桥(Root Bridge)的所有链路的积累资本。

Bridge ID——创建当前 BPDU 的网桥 BID。对于单交换机(单个 VLAN)发送的所有 BPDU 而言,该字段值都相同,而对于交换机与交换机之间发送的 BPDU 而言,该字段值不同。

Port ID——每个端口值都是唯一的。端口 1/1 值为 $0 \times 8\,001$,而端口 1/2 值为 $0 \times 8\,002$。

Message Age——记录 Root Bridge 生成当前 BPDU 起源信息所消耗的时间。

Max Age——保存 BPDU 的最长时间,也反映了拓扑变化通知(Topology Change Notification)过程中的网桥表生存时间情况。

Hello Time——指周期性配置 BPDU 间的时间。

Forward Delay——用于在 Listening 和 Learning 状态的时间,也反映了拓扑变化通知(Topology Change Notification)过程中的时间情况。

## 二、STP 生成树工作过程

### 1. 根桥的选择

Bridge ID 最小的网桥将成为网络中的根桥。选举的依据是网桥优先级和网桥 MAC 地址组合成的桥 ID(Bridge ID),网桥优先级为 4096 的倍数,Bridge priority=4096×i(i=1 至 15),优先级值越小,则优先级越高;在网桥优先级都一样(默认优先级是 32768)的情况下,MAC 地址最小的网桥成为根桥。

根桥选择实例如下:SwitchA、SwitchB、SwitchC 相互连通,互通 BPDU 数据包,由BID 比较可知 SwitchA 为根交换机,如图 2-28 所示。

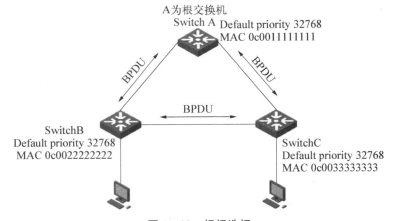

图 2-28　根桥选择

2. 最短路径选择

确定根桥后,STA(生成树算法)会计算到根桥的最短路径。每台交换机都使用 STA 来确定要阻塞的端口。当 STA 为广播域中的所有目的地确定到达根桥的最佳路径时,网络中的所有流量都会停止转发。STA 在确定要开放的路径时,会同时考虑路径开销和 PID 等因素。

路径开销是根据端口开销值计算出来的。端口开销与带宽之间的关系见表 2-5 所示:

表 2-5 端口开销表

| 带宽 | Cost(Revised IEEE Spec) | Cost(Previous IEEE Spec) | 华为推荐值 |
|---|---|---|---|
| 10 Mbps | 100 | 100 | 2 000 |
| 100 Mbps | 19 | 10 | 200 |
| 1 Gbps | 4 | 1 | 20 |
| 10 Gbps | 2 | 1 | 2 |

接下来,确定根端口,根据与根桥连接路径开销最少的端口为根端口,路径开销等于"1000"除以"传输介质的速率",假设中 SWA 和根桥之间的链路是千兆 GE 链路,根桥和 SWC 之间的链路是百兆 FE 链路,SWC 从端口 1 到根桥的路径开销的默认值是 19,而从端口 2 经过路径开销计算如图 2-29 所示。

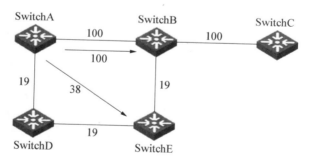

图 2-29 路径开销选择(1)

SWA 至 SWC 之间的最优路径开销为:19+19+19+100<100+100,故最优路径选择为:SWA→SWD→SWE→SWB→SWC,而将阻塞 SWA→SWB 的链路。

## 二、通过 Bridge ID 选择最短路径

如果路径开销相同,则比较发送 BPDU 交换机的 Bridge ID,Bridge ID 小的为最优路径,如图 2-30 所示。

左右两条路径如开销一样,则比较转发网桥的 Bridge ID,SWA 的 Bridge ID 较小,则最优路径选择为:SWC→SWA→SWD,而将 SWC→SWB→SWD 这条链路阻塞。

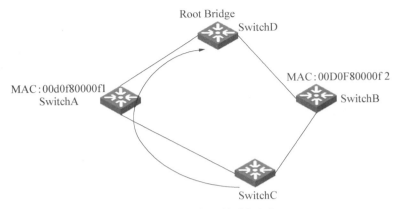

图 2 - 30　路径开销选择(2)

### 三、比较发送者 Port ID 选择最短路径

当路径开销相同,而且发送者 Bridge ID 相同,即同一台交换,则比较发送者交换机的 Port ID。Port ID:端口信息由 1 字节端口优先级和 1 字节端口 ID 组成。Port ID 优先级为 Port priority=16×i(i=0 至 15),默认优先级为 128。

如图 2 - 31 所示,SWB 与 SWD 间建立两条链路,路径开销相同,且 Bridge ID 相同,则比较两者的 Port ID,优先级相同的情况下,最优路径选择为 1/1 的端口,而将 1/2 端口阻塞。

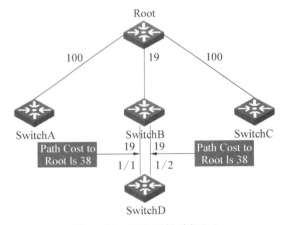

图 2 - 31　路径开销选择(3)

### 四、端口类型

STA 确定了哪些路径要保留为可用之后,它会将交换机端口配置为不同的端口角色。端口角色描述了网络中端口与根桥的关系,以及端口是否能转发流量。

根端口(Root Port):所有非根交换机产生一个到达根交换机的端口。

指定端口(Designated Port):每个 LAN 都会选择一台设备为指定交换机,通过该设备的端口连接到根,该端口为指定端口。

非指定端口:为防止环路而被置于阻塞状态的所有端口。

端口类型如图 2-32 所示:

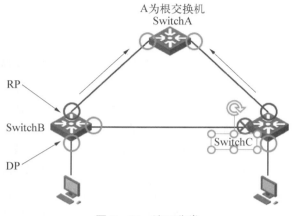

图 2-32　端口分类

### 五、端口的状态转换

当链路发生故障,网络的拓扑发生改变,新的配置消息总要经过一定的时延才能传遍整个网络。在所有网桥收到这个变化的消息之前,若旧拓扑结构中处于转发的端口还没有发现自己应该在新的拓扑中停止转发,则可能存在临时环路。为了解决临时环路的问题,生成树使用了一种定时器策略,即在端口从阻塞状态到转发状态中间加上一个只学习MAC 地址但不参与转发的中间状态,两次状态切换的时间长度都是 Forward Delay,这样就可以保证在拓扑变化的时候不会产生临时环路。生成树端口的五种状态:

Blocking:接收 BPDU,不学习 MAC 地址,不转发数据帧。

Listening:接收 BPDU,不学习 MAC 地址,不转发数据帧,但交换机向其他交换机通告该端口,参与选举根端口或指定端口。

Learning:接收 BPDU,学习 MAC 地址,不转发数据帧。

Forwarding:正常转发数据帧。

Disable:关闭状态。

各状态间转换如图 2-33 所示:

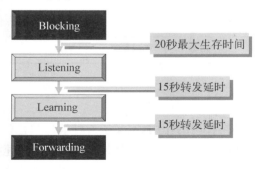

图 2-33　状态转换示意图

生成树经过一段时间(默认值是 50 秒左右)稳定之后,所有端口要么进入转发状态,要么进入阻塞状态。

### 2.3.3 RSTP 工作原理

STP 虽然能够解决环路问题,但是端口从阻塞状态进入转发状态必须经历两倍的 Forward Delay 时间,所以网络拓扑结构改变之后需要至少两倍的 Forward Delay 时间,才能恢复连通性。如果网络中的拓扑结构变化频繁,网络会频繁地失去连通性,这样用户就会无法忍受。RSTP 则很好地解决了这个问题。

RSTP(Rapid Spanning Tree Protocol,快速生成树协议)定义在 IEEE802.1w 标准中,它在保持 STP 所有优点的基础上,提供了比 STP 更快的收敛速度,理论上可达到 50 ms,即在网络拓扑发生变化时,原来冗余的交换机端口在点对点的连接条件下端口状态可以迅速迁移(Discard→ Forward),而 STP 的理论收敛时间为 50 s。

#### 一、RSTP 的端口状态

STP 定义了 5 种不同的端口状态,关闭(Disable),监听(Listening),学习(Learning),阻断(Blocking)和转发(Forwarding),其端口状态表现为在网络拓扑中端口状态混合(阻断或转发),在拓扑中的角色(根端口、指定端口等等)。在操作上看,阻断状态和监听状态没有区别,都是丢弃数据帧而且不学习 MAC 地址,在转发状态下,无法知道该端口是根端口还是指定端口。

在 RSTP 中只有三种端口状态,Discarding、Learning 和 Forwarding。802.1D 中的禁止端口、监听端口、阻塞端口在 802.1W 中统一合并为禁止端口。

表 2 - 6　RSTP 与 STP 端口状态比较

| STP<br>Port State | RSTP<br>Port State | 端口是否<br>为活跃状态 | 端口是否<br>学习 MAC 地址 |
|---|---|---|---|
| 禁止 | 禁止 | No | No |
| 阻塞 | 禁止 | No | No |
| 监听 | 禁止 | Yes | No |
| 学习 | 学习 | Yes | Yes |
| 转发 | 转发 | Yes | Yes |

#### 二、RSTP 的端口角色

RSTP 根据端口在活动拓扑中的作用,定义了 4 种端口角色(STP 有 5 种角色):根端口(Root Port);指定端口(Designated Port);为支持 RSTP 的快速特性,802.1w 引入了替代端口(Alternate Port)和备份端口(Backup Port)。替代端口是给根端口做备份的;备份

端口是给指定端口做备份的。端口示意图如
图 2 - 34 所示：

**1. 从配置 BPDU 报文发送角度来看**

Alternate 端口就是由于学习到其他网桥
发送的配置 BPDU 报文而阻塞的端口。

Backup 端口就是由于学习到自己发送的
配置 BPDU 报文而阻塞的端口。

**2. 从用户流量角度来看**

Alternate 端口提供了从指定桥到根的另
一条可切换路径，作为根端口的备份端口。

Backup 端口作为指定端口的备份，提供
了另一条从根桥到相应网段的备份通路。

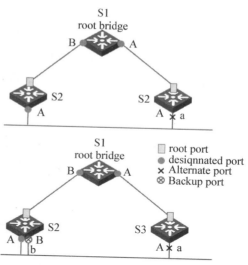

**三、Proposal/Agreement 机制**

图 2 - 34　替代端口和备份端口示意图

当一个端口被选举成为指定端口之后，在 STP 中，该端口至少要等待一个 Forward
Delay(Learning)时间才会迁移到 Forwarding 状态。而在 RSTP 中，此端口会先进入
Discarding 状态，再通过 Proposal/Agreement 机制快速进入 Forward 状态。这种机制必
须在点到点全双工链路上使用，P/A 机制工作流程如图 2 - 35 所示。

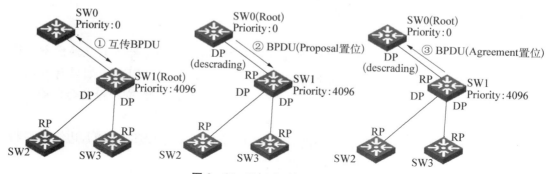

图 2 - 35　P/A 机制工作示意图

链路为点对点，RSTP 按照 P/A 快速收敛进入转发状态：

① 上游设备发送 Proposal 报文，启动等待定时器。

② 下游设备堵塞全部其他端口，回应上游 Agreement 报文。

③ 上游设备收到 Agreement 报文，端口进入转发状态。

通过一层一层地往下游请求，下游同意快速收敛，上游进入转发，实现整个 RSTP 网
络快速收敛。

 **提示**

非点对点链路无法实现 PA 快速收敛。

跟第三方对接，需要配置 stp no-agreement check 实现快速收敛。

### 四、边缘端口的引入

在 RSTP 里面，如果某一个指定端口位于整个网络的边缘，即不再与其他交换设备连接，而是直接与终端设备直连，这种端口叫作边缘端口。

边缘端口不参与 RSTP 运算，可以由 Disable 直接转到 Forwarding 状态，就像在端口上将 STP 禁用。但是一旦边缘端口收到配置 BPDU，就丧失了边缘端口属性，成为普通 STP 端口，并重新进行生成树计算，从而引起网络震荡。边缘端口主要特点表现如下：

（1）配置边缘端口的端口在 UP 后即可直接将端口的状态转变为 Forwarding 状态，不需要经历转发延时。

（2）网络发生变化，边缘端口所在交换机上的根端口发生变化时，边缘端口可以继续保持 Forwarding 状态，持续为连接到边缘端口的设备转发流量。

（3）边缘端口从 down 转变为 Forwarding 状态不算拓扑变化，不会触发产生 TC 报文，可以避免 MAC 表刷新。

### 五、保护功能

相比 STP，RSTP 的收敛速度快了很多，但它的一些快速收敛机制却存在很大的安全隐患，如果因为管理员误操作或受到恶意攻击，可能会对网络产生巨大的影响。因此，RSTP 中提供多种保护功能，主要体现为可以防止网络由于部分设备硬件故障导致的环路问题，提高网络的稳定性。RSTP 中提供的保护功能有：

1. BPDU 保护

在交换设备上，通常将直接与用户终端（如 PC 机）或文件服务器等非交换设备相连的端口配置为边缘端口。正常情况下，边缘端口不会收到 RST BPDU。如果有人伪造 RST BPDU 恶意攻击交换设备，当边缘端口接收到 RST BPDU 时，交换设备会自动将边缘端口设置为非边缘端口，并重新进行生成树计算，从而引起网络震荡。

交换设备上启动了 BPDU 保护功能后，如果边缘端口收到 RST BPDU，边缘端口将被 error-down，但是边缘端口属性不变，同时通知网管系统。

2. 根保护

由于维护人员的错误配置或网络中的恶意攻击，网络中合法根桥有可能会收到优先级更高的 RST BPDU，使得合法根桥失去根地位，从而引起网络拓扑结构的错误变动。这种不合法的拓扑变化，会导致原来应该通过高速链路的流量被牵引到低速链路上，造成网络拥塞。

对于启用 Root 保护功能的指定端口，其端口角色只能保持为指定端口。一旦启用 Root 保护功能的指定端口收到优先级更高的 RST BPDU 时，端口状态将进入 Discarding 状态，不再转发报文。再经过一段时间（通常为两倍的 Forward Delay），如果端口一直没有再收到优先级较高的 RST BPDU，端口会自动恢复到正常的 Forwarding 状态。

 说明

Root 保护功能只能在指定端口上配置生效。

3. 环路保护

在运行 RSTP 协议的网络中,根端口和其他阻塞端口状态是依靠不断接收来自上游交换设备的 RST BPDU 维持。当由于链路拥塞或者单向链路故障导致这些端口收不到来自上游交换设备的 RST BPDU 时,此时交换设备会重新选择根端口。原先的根端口会转变为指定端口,而原先的阻塞端口会迁移到转发状态,从而造成交换网络中可能产生环路。

如图 2-36 所示,当 BP2-CP1 之间的链路发生拥塞时,DeviceC 由于根端口 CP1 在超时时间内收不到来自上游设备的 BPDU 报文,Alternate 端口 CP2 放开转变成了根端口,根端口 CP1 转变成指定端口,从而形成了环路。

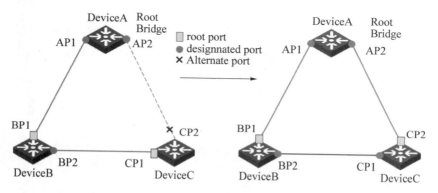

图 2-36　链路发生拥塞情况拓扑的变化

在启动了环路保护功能后,如果根端口或 Alternate 端口长时间收不到来自上游设备的 BPDU 报文时,则向网管发出通知信息(此时根端口会进入 Discarding 状态,角色切换为指定端口),而 Alternate 端口则会一直保持在阻塞状态(角色也会切换为指定端口),不转发报文,从而不会在网络中形成环路。直到链路不再拥塞或单向链路故障恢复,端口重新收到 BPDU 报文进行协商,并恢复到链路拥塞或者单向链路故障前的角色和状态。

【STP 配置】三台交换机用吉比特级以太网口(GE)相连,如图 2-37 所示。

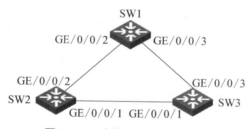

图 2-37　交换机基本配置示例

### 1. 生成树基本命令

```
/*修改生成树模式*/
[SW1]stp mode stp
Info: This operation may take a few seconds. Please wait for a moment...done.
/*修改为根交换机*/
[SW1]stp root primary
[SW2]stp root secondary
[SW3]stp root secondary
/*执行 display stp brief 命令查看 STP 信息*/
<SW1> display stp brief
MSTID    Port                         Role    STP State         Protection
MSTID    Port                         Role    STP State       Protection
  0    GigabitEthernet0 /0 /1          DESI    FORWARDING        NONE
  0    GigabitEthernet0 /0 /2          DESI    FORWARDING        NONE
<SW2> display stp brief
MSTID    Port                        Role    STP   State     Protection
  0    GigabitEthernet0 /0 /1         ALTE     FORWARDING       NONE
  0    GigabitEthernet0 /0 /2         ROOT     DISCARDING       NONE
[SW3]dis stp brief
MSTID    Port                        Role    STP State       Protection
  0    GigabitEthernet0 /0 /1         DESI    FORWARDING       NONE
  0    GigabitEthernet0 /0 /3         ROOT    FORWARDING       NONE
```

华为设备生成树默认为 MSTP 模式,需手动修改为 STP 模式或者 RSTP 模式。

根据网络拓扑将 SW1 设置为根交换机(Primary),SW2 和 SW3 设置为非根交换机 Secondary。此时,SW1 中两条链路均为转发链路,其端口为指定端口(Destination),SW2 和 SW3 中与 SW1 相连的 GE0/0/2 和 GE0/0/0/3 均为根口(Root),SW2 和 SW3 相连的 GE0/0/1 口分别为阻塞端口和指定端口。

### 2. STP 优先级基本命令

```
/*修改为交换机优先级*/
[SW1]undo stp root                    //撤销角色指定
[SW1]stp priority 8192                 //修改 Bridge ID 优先级
[SW2]undo stp root
[SW2]stp priority 4096
[SW3]undo stp root
[SW3]stp priority 8192
<SW1> display stp brief
MSTID    Port                        Role    STP State       Protection
  0    GigabitEthernet0 /0 /1         ALTE     FORWARDING       NONE
  0    GigabitEthernet0 /0 /2         ROOT     DISCARDING       NONE
```

```
<SW2> display stp brief
MSTID   Port                    Role   STP State       Protection
MSTID   Port                    Role   STP State       Protection
   0    GigabitEthernet0 /0 /1  DESI   FORWARDING         NONE
   0    GigabitEthernet0 /0 /2  DESI   FORWARDING         NONE
[SW3]dis stp brief
MSTID   Port                    Role   STP State       Protection
   0    GigabitEthernet0 /0 /1  DESI   FORWARDING         NONE
   0    GigabitEthernet0 /0 /3  ROOT   FORWARDING         NONE
```

### 3. 控制根端口选举

```
/ * 设置端口优先级 * /
[SW2]interface GigabitEthernet 0 /0 /3
[SW2 - GigabitEthernet0 /0 /3]stp port priority 32
```

 **提示**

交换机的优先级设定为 4 096 的倍数

端口优先级设定为 16 的倍数

### 4. RSTP 基本命令

```
/ * 启用 RSTP * /
[SW1]stp mode rstp
[SW2]stp mode rstp
[SW3]stp mode rstp
[SW1]dis stp
--------[CIST Global Info][Mode RSTP]-------
CIST Bridge        :4096.4c1f - cced - 785a
Config Times       :Hello 2s MaxAge 20s FwDly 15s MaxHop 20
Active Times       :Hello 2s MaxAge 20s FwDly 15s MaxHop 20 < Huawei > dis
```

### 5. 边缘端口配置

```
/ * 边缘端口配置 * /
[SW1]interface GigabitEthernet 0 /0 /10
[SW1 - GigabitEthernet0 /0 /10]stp edged - port enable
[SW2 - GigabitEthernet0 /0 /10]dis this
interface GigabitEthernet0 /0 /10
stp edged - port enable
或者:
[SW2 - GigabitEthernet0 /0 /10]dis stp interface gig0 /0 /10
----[Port10(GigabitEthernet0 /0 /10)][FORWARDING]----
```

```
Port Protocol      :Enabled
Port Role          :Designated Port
Port Priority      :128
```

### 6. 保护功能配置

```
/*BPDU 保护功能配置*/
[SW1]stp bpdu-protection
[SW2]stp bpdu-protection
[SW3]stp bpdu-protection
/*BPDU 保护功能*/
[SW2]dis stp brief
MSTID    Port                       Role    STP State     Protection
  0      GigabitEthernet0/0/1       DESI    FORWARDING     NONE
  0      GigabitEthernet0/0/2       ROOT    FORWARDING     NONE
  0      GigabitEthernet0/0/10      DESI    FORWARDING     BPDU
/*环路保护功能配置*/
[SW2]interface GigabitEthernet 0/0/1
[SW2-GigabitEthernet0/0/9]stp loop-protection
[SW2-GigabitEthernet0/0/9]quit
[SW2]interface GigabitEthernet 0/0/2
[SW2-GigabitEthernet0/0/10]stp loop-protection
/*查看环路保护功能*/
[SW2-GigabitEthernet0/0/2]dis stp brief
MSTID    Port                       Role    STP State     Protection
  0      GigabitEthernet0/0/1       DESI    FORWARDING     LOOP
  0      GigabitEthernet0/0/2       ROOT    FORWARDING     LOOP
  0      GigabitEthernet0/0/10      DESI    FORWARDING     BPDU
```

文本:课前任务单

| 课前学习任务单(建议 1 小时) | |
|---|---|
| 学习目标 | —掌握环路的危害<br>—掌握了解生成树 STP 的原理<br>—了解生成树端口类型<br>—了解生成树状态机<br>—掌握 STP、RSTP 参数配置 |
| 任务内容 | —知识学习:生成树 STP、RSTP<br>—范例学习:STP、RSTP 参数配置<br>—完成考核任务 |

| 范例学习 | —硬件安装<br>—参数配置<br>—输入测试命令<br>—记录结果 |
|---|---|
| 课前任务考核 | —考核方式:线上【讨论区】<br>—考核要求Ⅰ:配置操作截图4幅<br>—考核要求Ⅱ:在讨论区发言1条,为提问、总结或配置体会等 |

文本:STP 基础任务单

1. 基础训练(难度、任务量小)

| 基础任务单 | | |
|---|---|---|
| 任务名称 | 生成树 STP 配置 | |
| 涉及领域 | 交换机 STP 基本原理 | |
| 任务描述 | —交换机命名<br>—交换机生成树 STP 配置<br>—生成树配置查阅 | —交换机基本设置<br>—交换机接口生成树参数配置 |
| 工程人员 | 项目组 | 工号 |
| 操作须知 | —设备摆放、连线规范。<br>—设备配置要保存。<br>—配置窗口不要关闭、不要清空。 | |
| 任务内容 | —搭建如图 2-38 所示网络,根据表 2-7 填写的参数,设置交换机端口参数。<br>—交换机 SW1 配置:<br>　■ 更改设备、主机名称。<br>　■ 配置 STP 协议。<br>　■ 配置 STP 相关参数。<br>—验证测试:<br>　■ 查看 SW1 的 STP 配置结果。<br>　■ 查看 SW1 的 STP 接口状态结果。<br>　■ 手动调整链路连通性,查看链路切换情况。<br><br>图 2-38　基础任务单网络拓扑 | |

| 网络编址 | —根据网络拓扑图2-38设计网络设备的IP编址,填写表2-7所示地址表,根据需要填写,不需要的填写"×"。 |
|---|---|

表2-7　设备配置地址表

| 设备 | 接口 | IP地址 | 子网掩码 | 网关 |
|---|---|---|---|---|
| SW1 | GE0/0/0 | | | |
| PC1 | E0/0/1 | | | |
| PC2 | E0/0/1 | | | |

| 验收结果 | —网络连线、参数设计。<br>—查看设备及端口状态、测试切换性。<br>—记录设备查看结果。 |
|---|---|

### 2.进阶训练(难度、任务量小)

文本:进阶任务单

| 进阶任务单 | | | |
|---|---|---|---|
| 任务名称 | 生成树RSTP配置 | | |
| 涉及领域 | 交换机RSTP基本原理 | | |
| 任务描述 | —交换机命名<br>—交换机快速生成树RSTP配置<br>—快速生成树配置查阅 | | —交换机基本设置<br>—交换机接口参数配置 |
| 工程人员 | | 项目组 | 工号 |
| 操作须知 | —设备摆放、连线规范。<br>—设备配置要保存。<br>—配置窗口不要关闭、不要清空。 | | |
| 任务内容 | —搭建如图2-38所示网络,根据表2-8填写的参数,设置交换机端口参数。<br>—交换机SW1配置:<br>　■ 更改设备、主机名称。<br>　■ 配置RSTP协议。<br>　■ 配置RSTP相关参数。<br>　■ 配置边缘端口。<br>　■ 配置保护功能。<br>—验证测试:<br>　■ 查看SW1的RSTP配置结果。<br>　■ 查看SW1的STP接口状态结果。<br>　■ 手动调整链路连通性,查看链路切换情况。 | | |

续　表

| 进阶任务单 | | | | |
|---|---|---|---|---|
| 网络编址 | 一根据网络拓扑图 2-38 设计网络设备的 IP 编址,填写表 2-8 所示地址表,根据需要填写,不需要的填写"×"。<br><br>表 2-8　设备配置地址表 | | | |

| 设备 | 接口 | IP 地址 | 子网掩码 | 网关 |
|---|---|---|---|---|
| SW1 | GE0/0/0 | | | |
| PC1 | E0/0/1 | | | |
| PC2 | E0/0/1 | | | |

| 验收结果 | 一网络连线、参数设计。<br>一查看设备及端口状态、测试切换性。<br>一记录设备查看结果。 |
|---|---|

# 2.4　链路聚合扩容

 需求分析

　　生成树协议能有效解决单链路断路的问题,提高校园网接入网的健壮性,保证用户不受链路断路影响,但是伴随"千兆到桌面"的组网规划,校园网中心机房的带宽瓶颈日益凸显。校园网通过升级设备达到扩容的效果,但是高性能意味着高成本。在预算有限的情况下,本节提供一种交换式局域网中多条链路捆绑的局域网扩容保护技术——链路聚合技术。它既可以搭建冗余链路起到链路的有效保护,又能实现链路复用,解决中心机房核心链路的"瓶颈"问题。

 知识学习

微课:链路
聚合原理

## 2.4.1　带宽"瓶颈"

　　随着校园网访问量的不断增大,用户对骨干链路的带宽和可靠性提出更高的要求。虽然我们借助 STP 协议构建冗余链路,能够在一定程度上保障链路的可靠性,但是,校信息中心作为所有资源的"中转中心",串联着学校所有业务网络,核心设备端口层面和链路层面性能直接制约着师生们的网络感知,通过更换高速率接口模块和支持高速率接口板的设备等传统方式增加带宽需要付出高昂的费用,且灵活性差。因此,在不依赖硬件升级的条件下采用链路聚合部署端口或链路的冗余技术将多个物理接口捆绑为一个逻辑接

口,不仅拓展了链路带宽,而且有效地提高了设备间链路的可靠性。

## 2.4.2 链路聚合概述

### 一、链路聚合的含义

以太网链路聚合 Eth-Trunk 简称链路聚合,是指将多个物理端口汇聚在一起,形成一个逻辑端口,以实现出/入流量吞吐量在各成员端口的负荷分担,交换机根据用户配置的端口负荷分担策略决定网络封包从哪个成员端口发送到对端的交换机。当交换机检测到其中一个成员端口的链路发生故障时,就停止在此端口上发送封包,并根据负荷分担策略在剩下的链路中重新计算报文的发送端口,故障端口恢复后再次担任收发端口。链路聚合在增加链路带宽、实现链路传输弹性和工程冗余等方面是一项很重要的技术。

链路聚合技术主要有以下三个优势:

① 增加带宽:链路聚合接口的最大带宽可以达到各成员接口带宽之和。

② 提高可靠性:当某条活动链路出现故障时,流量可以切换到其他可用的成员链路上,从而提高链路聚合接口的可靠性。

③ 负载分担:在一个链路聚合组内,可以实现在各成员活动链路上的负载分担。

### 二、链路聚合的限制条件

聚合链路两端的物理参数必须保持一致。

① 进行聚合的链路的数目要保持一致。

② 进行聚合的链路的速率要保持一致。

③ 进行聚合的链路为全双工方式,要保持一致。

聚合链路两端的逻辑参数必须要保持一致。

① 同一个汇聚组中端口的基本配置必须保持一致。

② 基本配置主要包括 STP,QoS,VLAN,端口等相关配置。

### 三、链路聚合的分类

根据是否启用链路聚合控制协议 LACP(Link Aggregation Control Protocol),链路聚合分为手工模式和 LACP 模式。

1. 手工模式

该模式下,Eth-Trunk 的建立、成员接口的加入由手工配置,没有链路聚合控制协议 LACP 的参与。当需要在两个直连设备之间提供一个较大的链路带宽而设备又不支持 LACP 协议时,可以使用手工模式。手工模式可以实现增加带宽、提高可靠性和负载分担的目的。

如图 2-39 所示,DeviceA 与 DeviceB 之间创建 Eth-Trunk,手工模式下三条活动链路都参与数据转发并分担流量。当一条链路故障时,故障链路无法转发数据,链路聚合组自动在剩余的两条活动链路中分担流量。

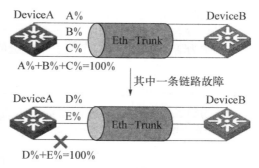

图 2-39　手工模式链路聚合

2. LACP 模式链路聚合

作为链路聚合技术，手工模式 Eth-Trunk 可以完成多个物理接口聚合成一个 Eth-Trunk 口来提高带宽，同时能够检测到同一聚合组内的成员链路有断路等有限故障，但是无法检测到链路层故障、链路错连等故障。如图 2-40 所示，DeviceA 与 DeviceB 之间创建 Eth-Trunk，需要将 DeviceA 上的四个接口与 DeviceB 捆绑成一个 Eth-Trunk。由于错将 DeviceA 上的一个接口与 DeviceC 相连，这将会导致 DeviceA 向 DeviceB 传输数据时可能会将本应该发到 DeviceB 的数据发送到 DeviceC 上，而手工模式的 Eth-Trunk 不能及时检测到此故障。

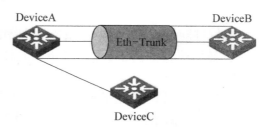

图 2-40　链路聚合链路错连示意图

为了提高 Eth-Trunk 的容错性，并且能提供备份功能，保证成员链路的高可靠性，基于 IEEE 802.3ad 标准出现了链路聚合控制协议 LACP（Link Aggregation Control Protocol）。LACP 为交换数据的设备提供一种标准的协商方式，以供设备根据自身配置自动形成聚合链路并启动聚合链路收发数据。聚合链路形成以后，LACP 负责维护链路状态，在聚合条件发生变化时，自动调整或解散链路聚合。

在 LACP 模式的 Eth-Trunk 中加入成员接口后，这些接口将通过发送 LACPDU 向对端通告自己的系统优先级、MAC 地址、接口优先级、接口号和操作 Key 等信息。对端接收到这些信息后，将这些信息与自身接口所保存的信息比较，用以选择能够聚合的接口，双方对哪些接口能够成为活动接口达成一致，确定活动链路，其中 LACP 基础概念有如下三点：

（1）系统 LACP 优先级

系统 LACP 优先级是为了区分两端设备优先级的高低而配置的参数。LACP 模式下，两端设备所选择的活动接口必须保持一致，否则链路聚合组就无法建立。此时可以使其中一端具有更高的优先级，另一端根据高优先级的一端来选择活动接口即可。系统 LACP 优先级值越小，优先级越高。

（2）接口 LACP 优先级

接口 LACP 优先级是为了区别同一个 Eth-Trunk 中的不同接口被选为活动接口的优先程度,优先级高的接口将优先被选为活动接口。接口 LACP 优先级值越小,优先级越高。

（3）成员接口间 M:N 备份

LACP 模式链路聚合由 LACP 确定聚合组中的活动和非活动链路,又称为 M:N 模式,即 M 条活动链路与 N 条备份链路的模式。这种模式提供了更高的链路可靠性,并且可以在 M 条链路中实现不同方式的负载均衡,如图 2-41 所示。

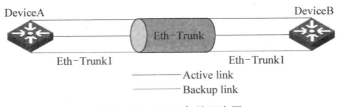

图 2-41　M:N 备份示意图

如图 2-41 所示,两台设备间有 M+N 条链路,在聚合链路上转发流量时在 M 条链路上分担负载,即活动链路,不在另外的 N 条链路转发流量,这 N 条链路提供备份功能,即备份链路。此时链路的实际带宽为 M 条链路的总和,但是能提供的最大带宽为 M+N 条链路的总和。

当 M 条链路中有一条链路故障时,LACP 会从 N 条备份链路中找出一条优先级高的可用链路替换故障链路。此时链路的实际带宽还是 M 条链路的总和,但是能提供的最大带宽就变为 M+N-1 条链路的总和。

这种场景主要应用在只向用户提供 M 条链路的带宽,同时又希望提供一定的故障保护能力时。当有一条链路出现故障,系统能够自动选择一条优先级最高的可用备份链路变为活动链路。

如果在备份链路中无法找到可用链路,并且目前处于活动状态的链路数目低于配置的活动接口数下限阈值,那么系统将会把聚合接口关闭。

### 四、链路聚合负载分担方式

数据流是指一组具有某个或某些相同属性的数据包。这些属性有源 MAC 地址、目的 MAC 地址、源 IP 地址、目的 IP 地址、TCP/UDP 的源端口号、TCP/UDP 的目的端口号等。

对于负载分担,可以分为逐包的负载分担和逐流的负载分担。

1. 逐包的负载分担

在使用 Eth-Trunk 转发数据时,由于聚合组两端设备之间有多条物理链路,就会产生同一数据流的第一个数据帧在一条物理链路上传输,而第二个数据帧在另外一条物理链路上传输的情况。这样一来同一数据流的第二个数据帧就有可能比第一个数据帧先到达对端设备,从而产生接收数据包乱序的情况。

2. 逐流的负载分担

这种机制把数据帧中的地址通过 HASH 算法生成 HASH-KEY 值,然后根据这个数值在 Eth-Trunk 转发表中寻找对应的出接口,不同的 MAC 或 IP 地址 HASH 得出的 HASH－KEY 值不同,从而出接口也就不同,这样既保证了同一数据流的帧在同一条物理链路转发,又实现了流量在聚合组内各物理链路上的负载分担。逐流负载分担能保证包的顺序,但不能保证带宽利用率。

### 2.4.3　交换机基本配置

微课:手动链路聚合配置

两台交换机用吉比特级以太网口(GE)相连,如 SW1 的 GE 0/0/9、GE 0/0/10 和 SW2 的 GE 0/0/9、GE 0/0/10 相连,如图 2－42 所示。

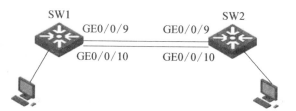

操作文本:手动链路聚合配置

图 2－42　交换机链路聚合配置示例

1. 链路聚合基本命令

```
/＊创建 Eth－trunk＊/
[SW1]interface Eth-Trunk 1      //创建编号为 1 的聚合链路
[SW1]undo interface eth－trunk trunk－id   //trunk－id 整数形式,取值范围是 0～127
/＊修改 Eth－trunk 链路类型＊/
[SW1－Eth-Trunk1]mode manual load－balance
/＊Eth－trunk 中添加端口＊/
    [SW1]interface GigabitEthernet 0 /0 /9
    [SW1－GigabitEthernet0 /0 /9]eth－trunk 1
    [SW1－GigabitEthernet0 /0 /9]quit
    [SW1]interface GigabitEthernet 0 /0 /10
    [SW1－GigabitEthernet0 /0 /10]eth－trunk 1
或者:
[SW1]interface Eth-Trunk 1
[SW1－Eth-Trunk1]trunkport GigabitEthernet 0 /0 /9
[SW1－Eth-Trunk1]trunkport GigabitEthernet 0 /0 /10
/＊查看聚合链路信息摘要＊/
[S1]display eth－trunk 1
    Eth-Trunk1's state information is:
    Local:
    LAG ID: 1                      WorkingMode: LACP
    Preempt Delay: Disabled        Hash arithmetic: According to SIP－XOR－DIP
    System Priority: 32768         System ID: d0d0－4ba6－aab0
```

```
Least Active - linknumber: 1   Max Active - linknumber: 8
Operate status: up           Number Of Up Port In Trunk: 2
--------------------------------------------------------------------------------
ActorPortName          Status  PortType PortPri PortNo PortKey PortState Weight
GigabitEthernet0 /0 /9  Selected 100M   32768    1      289    10111100   1
GigabitEthernet0 /0 /10 Selected 100M   32768    2      289    10111100   1
```

### 2. Lacp 聚合基本命令

```
/＊修改 Eth - trunk 链路类型＊/
[SW1 - Eth-Trunk1] mode lacp - static
/＊LACP 的系统优先级＊/
[S1]lacp  priority 100
/＊配置接口的优先级确定活动链路＊/
[S1]interface GigabitEthernet 0 /0 /9
[S1 - GigabitEthernet0 /0 /9]lacp priority 100
[S1 - GigabitEthernet0 /0 /9]quit
[S1]interface GigabitEthernet 0 /0 /10
[S1 - GigabitEthernet0 /0 /10]lacp priority 100
/＊查看聚合链路信息摘要＊/
[S1]display  eth - trunk 1
Eth-Trunk1's state information is:
Local:
LAG ID: 1                    WorkingMode: LACP
Preempt Delay: Disabled      Hash arithmetic: According to SIP - XOR - DIP
System Priority: 100         System ID: d0d0 - 4ba6 - aab0
Least Active - linknumber: 1   Max Active - linknumber: 8
Operate status: up           Number Of Up Port In Trunk: 2
--------------------------------------------------------------------------------
ActorPortName          Status  PortType PortPri PortNo PortKey PortState Weight
GigabitEthernet0 /0 /9  Selected 100M   100      1      289    10111100   1
GigabitEthernet0 /0 /10 Selected 100M   100      2      289    10111100   1
```

文本:课前任务单

 课前准备

| 课前学习任务单(建议 1 小时) | |
|---|---|
| 学习目标 | —链路聚合的应用背景<br>—掌握链路聚合的定义和作用<br>—链路聚合的分类 |

续　表

| 任务内容 | —知识学习:链路聚合定义和作用<br>—范例学习:静态链路聚合原理及配置<br>—完成考核任务 |
|---|---|
| 范例学习 | —聚合意义<br>—聚合的定义<br>—聚合分类 |
| 课前任务考核 | —考核方式:线上【讨论区】<br>—考核要求Ⅰ:视频浏览、答题<br>—考核要求Ⅱ:在讨论区发言1条,为提问、总结或配置体会等 |

文本:基础任务单

1. 基础训练(难度、任务量小)

| 基础任务单 | | | | |
|---|---|---|---|---|
| 任务名称 | 交换机手工链路聚合 | | | |
| 涉及领域 | 交换机链路聚合 | | | |
| 任务描述 | —聚合链路创建<br>—聚合端口设定 | | —聚合链路模式设定<br>—配置参数 | |
| 工程人员 | | 项目组 | | 工号 | |
| 操作须知 | —设备选型、连线规范。<br>—设备配置要保存。 | | | |
| 任务内容 | —搭建如图 2‑43 所示网络,设置交换机链路聚合各参数。<br><br>SW1　　　　　　　　　　　SW2<br>　　　GE0/0/9　　GE0/0/9<br>　　　GE0/0/10　　GE0/0/10<br><br>图 2‑43　基础任务单网络拓扑<br><br>—交换机 SW1、SW2 配置:<br>　■ 更改设备、主机名称。<br>　■ 创建聚合链路及手动模式。<br>　■ 配置端口 GE0/0/9、GE0/0/10 接口属性。<br>—验证测试:<br>　■ 查看 SW1 的 Eth‑trunk 配置结果。<br>　■ 查看 SW1 的聚合链路接口配置结果。<br>　■ 使用 ping 命令测试主机 PC1 与 R1、PC1 与 S1 之间的连通性。 | | | |

续　表

| 网络编址 | —根据网络拓扑图 2-43 设计网络设备的 IP 编址,填写表 2-9 和表 2-10 所示表,根据需要填写,不需要的填写"×"。|
|---|---|

**表 2-9　静态链路聚合设备端口状态表**

| 设备 | 接口 | Working Mode | System Priority | Vlan |
|---|---|---|---|---|
| SW1 | Eth-trunk1 | | | |
| SW2 | Eth-trunk1 | | | |

**表 2-10　静态聚合设备端口状态表**

| 设备 | 接口 | Working Mode | System Priority | Vlan |
|---|---|---|---|---|
| SW1 | GE0/0/9 | | | |
| SW2 | GE0/0/9 | | | |
| SW1 | GE0/0/10 | | | |
| SW2 | GE0/0/10 | | | |

| 验收结果 | —网络连线、参数设计。<br>—测试连通性。<br>—测试断线后流量状态。<br>—记录设备查看结果。|
|---|---|

### 2. 进阶训练(难度、任务量大)

文本:进阶任务单

| 进阶任务单 |||||
|---|---|---|---|---|
| 任务名称 | 交换机动态链路聚合 ||||
| 涉及领域 | 交换机链路聚合 ||||
| 任务描述 | —聚合链路创建<br>—聚合端口设定 || —聚合链路模式设定<br>—配置参数 ||
| 工程人员 | | 项目组 | | 工号 |
| 操作须知 | —设备选型、连线规范。<br>—设备配置要保存。 ||||
| 任务内容 | —搭建如图 2-43 所示网络,设置交换机链路聚合各参数。<br>—交换机 SW1、SW2 配置:<br>　■ 更改设备、主机名称。<br>　■ 创建聚合链路及 LACP 模式。<br>　■ 配置端口 GE0/0/9、GE0/0/10。接口属性。<br>—验证测试:<br>　■ 查看 SW1 的 Eth-trunk 配置结果。<br>　■ 查看 SW1 的聚合链路接口配置结果。<br>　■ 使用 ping 命令测试主机 PC1 与 R1、PC1 与 S1 之间的连通性。 ||||

续　表

| 进阶任务单 | | | | |
|---|---|---|---|---|
| 网络编址 | 一根据网络拓扑图2-43设计网络设备的IP编址,填写表2-11和表2-12所示地址表,根据需要填写,不需要的填写×。 | | | | 

表2-11　动态聚合端口状态表

| 设备 | 接口 | Working Mode | System Priority | Vlan |
|---|---|---|---|---|
| SW1 | Eth-trunk1 | | | |
| SW2 | Eth-trunk1 | | | |

表2-12　动态聚合设备端口状态表

| 设备 | 接口 | Working Mode | System Priority | Vlan |
|---|---|---|---|---|
| SW1 | GE0/0/9 | | | |
| SW2 | GE0/0/9 | | | |
| SW1 | GE0/0/10 | | | |
| SW2 | GE0/0/10 | | | |

| 验收结果 | 一网络连线、参数设计。<br>一测试连通性、测试动态链路聚合断路后切换效果。<br>一记录设备查看结果。 |
|---|---|

# 任务总结

　　本节工作任务是关于交换网技术与配置,需要解决局域网组建的问题,希望通过本节任务的学习,能够在这方面打下坚实而稳固的基础。学习完本节内容后,能够了解交换机的基本概念、VRP系统的命令知识,掌握交换机本配置、交换机VLAN技术、STP生成树技术、LACP链路聚合等相关原理及配置操作。内容相对较为基础,但学生首次接触该领域,可以根据自身情况选择完成"基本任务单"或者"项目任务单",教师也可以布置课前学习任务,以实现知识的翻转。

　　本节工作任务主要依托"京华大学校园网络建设一期工程"项目,完成"局域网组建与配置"任务。本节从认识交换机、华为VRP系统到交换机开局与日常维护操作,然后到利用二层VLAN技术实现校园网内不同部门(区域)的广播域隔离,再到校园网STP技术提供冗余链路环网保护,最后到核心区(网络中心)与汇聚区(楼宇汇聚机房)的聚合链路保护,我们依托数字校园的网络基础设施建设项目,再了解几种交换技术(包括VLAN、STP、链路聚合)的基础知识,通过各子任务完成实操训练,实现项目化、任务化教学。

　　为了把复杂的内容讲解得尽可能通俗易懂,本节采用由理论到配置到任务部署,教学方法上建议采用混合教学、翻转课堂和进阶课堂等,并加入"通信技术专业国家级资源库"中各类信息化、数字化教学资源,包括大量的微课、课件和任务单。

# 思考与案例

1. 交换机由哪几个部分组成？

2. VRP 有哪几种主要视图？

3. VLAN 的端口分为哪几类？

4. Access 口和 Trunk 口的区别？

5. STP 生成树协议端口类型分为哪几种？

6. 链路聚合的分类有哪两种？

文本：综合
案例任务

1. 案例描述

校园网交换网络应用实例。

2. 案例要求

（1）根据拓扑图，完成网络设备的基本配置（设备名、用户名和密码、远程登录配置、系统密码、端口描述和 banner 等相关信息）。

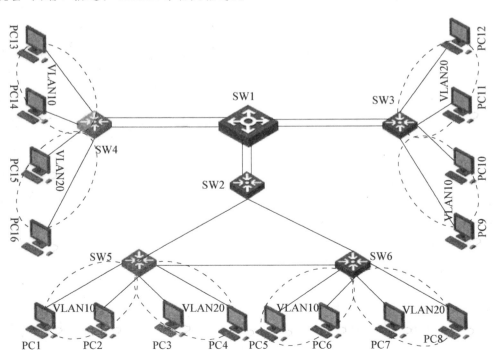

（2）根据拓扑图的要求，完成网络 VLAN 基本配置（Access、Trunk）。

（3）根据拓扑图的要求，完成接入层 STP 的基本配置。

（4）根据拓扑图的要求，完成汇聚层链路聚合的基本配置。

（4）根据拓扑图的要求，完成局域网配置。

# 工作任务三

# 网络互联与配置

 **任务描述**

随着信息化技术的不断发展,社会和企业信息化水平不断提高,数字化正在从园区办公延伸到生产和运营的方方面面,无人门店、远程医疗、远程教学、柔性制造等各种各样的新兴业态不断涌现,通过打造无接触工作场所提升生产作业的效率和安全性,通过音视频协作优化办公效率激发创新活力,加速业务上云应对商业环境快速变化。因此,园区内部企业、部门之间的通信往往是语音、视频、数据等多媒体方式的协同,园区网的承载也由传统的 PC、有线转向了手机等多种终端和有线、WiFi、LTE 综合接入,园区的业务也越来越复杂,这样给园区网络的建设、维护和安全提出了考验。

针对这些趋势,园区管理者希望园区网络是一个高效、可靠的网络,为园区提供高带宽服务,提高业务安全性,针对不同业务提供不同的服务等级,为园区管理者、企业提供无缝的、多种终端接入。同时园区网络也要是一个能高效管理、易于维护的网络,降低园区网络运营的投入和成本。

园区的规划既包含如医院、高校等大中型单位或部门自己的网络,也包括了园区企业或部门在外地分支机构的网络建设。目前,随着园区内各个企业/公司业务的不断壮大,或者本身企业存在分支机构,需要在外地开拓业务,此时就需要建立分支机构小型化的网络,可靠连接到总部。那么,中大型园区的网络需求就可以划分为两大类:一是园区企业办公应用,包含了企业的日常办公应用、业务处理、数据处理、语音协同、视频会议等业务,这是属于企业内部范畴,需要独立隔离、数据安全、高质量保障;二是互联网业务,主要为园区门户和外部人员提供的访问服务以及园区内部的用户访问互联网的应用,应具有方便快捷的网络接入、高安全性保障。

 **知识技能**

### 知识运用要求

- 了解路由器的定义和作用。
- 掌握路由分类及优先级。
- 了解路由器的工作原理。

- 掌握 VLAN 间路由分类及原理。
- 掌握静态路由的工作原理。
- 掌握动态路由 OSPF 的工作原理。
- 了解动态路由 BGP 的基本概念。
- 了解广域网技术概念。

**技能操作要求**

- 掌握基础路由配置。
- 掌握单臂路由和三层交换配置。
- 掌握静态路由配置。
- 熟悉动态路由 OSPF 配置。
- 了解动态路由 BGP 的基本配置。

# 3.1 路由器基本配置

路由器作为网络互联的核心设备,其主要功能分为路径选择和业务转发两部分。本节任务要求学生在熟悉 IP(网际协议)路由知识的基础上,了解路由器工作原理和性能参数,具备路由器的识别和验收能力;在熟悉命令行结构和 VRP 系统操作的基础上,完成路由器的基本配置和远程登录配置,具备路由器的基本维护能力,为后续项目做准备。

### 3.1.1 路由器基础

所谓路由就是指通过相互连接的网络把信息从源地点移动到目标地点的活动。一般来说,在路由过程中,信息至少会经过一个或多个中间节点,那就是提供路由功能的三层网络设备,如路由器和三层交换机。IP 路由也称为 IP 转发,是指三层网络设备收到 IP 报文,根据本设备的路由表做出决策,选择某个转发出口的过程。如果对 IP 路由过程进行优化,能够提升转发效率,降低转发延时,减少路由器资源占用,因而可以转发更多的 IP 报文。

路由器是用于连接不同网络的专用计算机设备,在不同网络间转发数据单元,是互联网络的枢纽、"交通警察"。在园区网、地区网乃至整个互联网研究领域中,路由器技术始终处于核心地位,其发展历程和方向成为整个互联网研究的一个缩影。由于未来的 ICT 网络仍然使用 IP 协议来进行路由(或基于 IP 协议的某些改进),因此,路由器仍将扮演重要的角色。华为公司业务路由系列产品是行业主流的路由器产品,如图 3-1 所示。

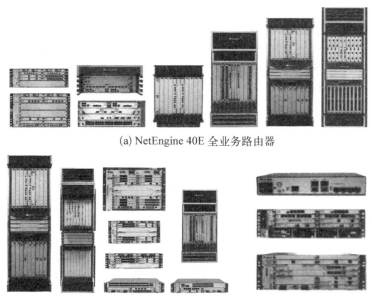

(a) NetEngine 40E 全业务路由器

(b) CX600城域业务平台　　　　　　　(c) ATN 系列

**图 3－1　华为公司路由器产品**

## 一、工作层次

路由器之所以在网络互联中处于关键地位,是因为它处于网络层,主要承担以下任务:

① 屏蔽了下层网络的技术细节,能够跨越不同的物理网络类型,例如 DDN(数字数据网)、FDDI(光纤分布式数据接口)、以太网等等,使各类网络都统一为 IP,这种一致性使全球范围用户之间的通信成为可能。

② 在逻辑上将整个互联网络分割成逻辑上独立的网络单位,使网络具有一定的逻辑结构。

③ 路由器还负责对 IP 包进行灵活的路由选择,把数据逐段向目的地转发,使全球范围用户之间的通信成为现实。

 **提示**

上文所说的不同网络指的是运行同一通信协议的不同逻辑网段,其数据链路层协议可以相同,也可以不同。路由器不能在不同的三层网络之间做数据转发,如不能在 IP 与 IPX 网络之间做数据转发。

## 二、路由器的作用

路由器的核心作用是实现网络互连,在不同网络之间转发数据单元。为实现在不同网络间转发数据单元的功能,路由器必须具备以下条件:

① 路由器上多个三层接口要连接到不同的网络上,每个三层接口连接到一个逻辑网

段。这里所说的三层接口可以是物理接口,也可以是各种逻辑接口或子接口。在实际组网中确实存在只有一个接口的情况,这种方式称为单臂路由,其应用很少。

②　路由器工作在网络层,根据目的网络地址进行数据转发,所以路由协议至少向上实现到网络层。

③　路由器必须具有存储、转发、寻径功能。

### 三、路由器主要功能

路由器需要具备以下的主要功能:

1. 路由功能(寻径功能)

包括路由表的建立、维护和查找。

2. 交换功能

路由器的交换功能与以太网交换机执行的交换功能不同,路由器的交换功能是指在网络之间转发分组数据的过程,涉及接收接口收到数据帧,解封装,对数据包做相应处理,根据目的网络查找路由表,决定转发接口,做新的数据链路层封装等过程。

3. 隔离广播、指定访问规则

路由器阻止广播的通过,并且可以设置访问控制列表(ACL)对流量进行控制。

4. 异种网络互连

支持不同的数据链路层协议,连接异种网络。

5. 子网间的速率匹配

路由器有多个接口,不同接口具有不同的速率,路由器需要利用缓存及流量控制协议进行速率适配。

对于不同规模的网络,路由器作用的侧重点有所不同:

在骨干网上,路由器的主要作用是路由选择。骨干网上的路由器,必须知道到达所有下层网络的路径。这需要维护庞大的路由表,对连接状态的变化做出尽可能迅速的反应。路由器的故障将会导致严重的信息传输问题。

在地区网中,路由器的主要作用是网络连接和路由选择,即连接下层各个基层网络单位——园区网,同时负责下层网络之间的数据转发。

在园区网内部,路由器的主要作用是分隔子网。早期的网络基层单位是局域网,所有主机处于同一个逻辑网络中。随着网络规模的不断扩大,局域网演变成以高速骨干和路由器连接的多个子网所组成的园区网。其中各个子网在逻辑上独立,而路由器就是唯一能够分隔它们的设备,它负责子网间的报文转发和广播隔离,边界路由器则负责与上层网络的连接。

### 四、生成路由要解决的几个问题

要为不同网络之间的 IP 报文转发提供方案,要确定以下几个方面的问题。

1. 如何指出路由路径?

指出路由路径有两种方式:一是人工手动指出,这就是常说的"静态路由";二是路由器操作系统根据所依赖的参数指标自动生成,这是更为广泛的"动态路由"。特别注意的是,无论是静态路由还是动态路由,每台路由器只负责自己走的那一步,即从本地路由器到达下一个路由器（"下一跳"），而不会负责整个网络的路由。

如图3-2所示的网络，假设RA路由器所连接的网络用户要发送一个数据包到达RG路由器所连接的一个网络用户。对于RA来说，它仅需要解决到达RB、RC或者RD的问题（由路由协议和网络环境决定），以此类推，所有这些路由器的下一跳组合在一起就形成了完整的路由路径。

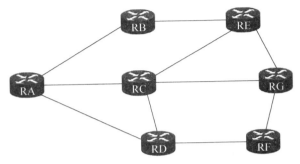

图3-2　路由路径选择示例

2. 如何获知"下一跳"？

这些路由器如何获知它们的下一跳路由器呢？静态路由的各路由器之间是没有联系的，也就是彼此不熟悉，是通过静态路由配置命令具体指出的；动态路由的"下一跳"和目的网络都不是明确指出的，它是通过从邻居路由器发来的路由更新学习到的。这样一级一级地下去，最终整个网络中的路由器都知道每台路由器连接了哪些网络，以及到达这些网络的下一跳是哪个路由器的哪个接口。

再如图3-2所示的网络，假设RG上连接了一个10.10.0.0/24网络，它就会向它的邻居，即RC、RE和RF路由器通告该网络，使它们都学习到了10.10.0.0/24网络，可以通过RG到达该网络。这三个路由器分别再向它们的邻居（除RG外）通告，结果RA、RB和RD也学到了10.10.0.0/24网络。同样，RB、RD又会向它们的邻居（除RC、RE、RF外）通告，使得RA再次学习。

3. 如何确定最佳路由？

静态路由是由管理员根据网络需要或者自己的知识水平设置的。如图3-2所示网络，如果要设一条从RA到RG的静态路由，可以选择RA—RC—RG，也可以选择RA—RB—RE—RG或RA—RD—RF—RG。在采用动态路由协议时，RA也可以有几条途径学习到RG上的10.10.0.0/24网络。但有一个"最佳路由"，只有这一条最佳路由会在路由表中保存，指导数据包转发，其他路由只会在路由数据库中存在，不会在路由表中出现。具体哪条动态路由最佳，则视不同的动态路由协议而定，可能是根据不同路径的距离长度，也可能是根据不同路径的链路状态，还可能是根据不同动态路由的管理距离等。

### 3.1.2　路由表

为完成最佳路由，路由器保存着各种路由路径的相关数据——路由表，供路由选择时使用。在正常情况下，路由器根据收到的 IP 报文的目的网段地址，查找路由表，决定转发路径。

### 一、路由表的概念

路由表是若干条路由信息的集合体。在路由表中，一条路由信息也被称作一个路由项或一个路由条目。路由表只存在于终端计算机和路由器(以及三层交换机)中，二层交换机是不存路由表的。路由表被存放在设备的 RAM 上，这意味着如果路由器要维护的路由信息较多时，必须有足够的 RAM，而且一旦路由器重新启动，那么原来的路由信息都会消失。

### 二、路由表的构成

路由表包含了路由器进行路由选择时所需要的关键信息，这些信息构成了路由表的总体结构。理解路由表的构成对路由维护和排错有非常重要的意义。下面逐一讲述路由表的结构成分。

① 目的网络地址(Destination)：用于标识 IP 包要到达的目的网络或子网的地址。

② 掩码(Mask)：与目的地址一起来标识目的主机或路由器所在的网段的地址。将目的地址和网络掩码"逻辑与"后可得到目的主机或路由器所在网段的地址。

 **举例**

目的地址为 8.0.0.10，掩码为 255.0.0.0 的主机或路由器所在网段的地址为 8.0.0.0。掩码由若干个连续"1"构成，既可以用点分十进制表示，也可以用掩码中连续"1"的个数来表示。

③ 路由协议(Protocol)：表示该路由信息是怎样学习到的。可以由管理员手工建立(静态路由)，也可以由路由选择协议自动建立并维护。

④ 路由优先级(Preference)：决定了来自不同路由来源的路由信息的优先权。路由优先级用于比较目的网段相同，但路由来源不同的路由，优先级的值越小，优先程度越高。

⑤ 开销值(Cost)：开销值用于表示每条可能路由的代价。当同一路由协议发现多条去往相同目的网段的路由时，使用开销值来衡量哪条路由更优先。开销值越小，路由的优先程度越高。

⑥ 下一跳地址(NextHop)：与承载路由表的路由器相邻的路由器的接口地址，有时也把下一跳地址称为路由器的网关地址。

⑦ 发送的物理接口(Interface)：学习到该路由条目的接口，也是数据包离开路由器去往目的地将经过的接口。

 **举例**

图 3-3 所示为路由表中的一条路由信息，其中：1.1.1.0 为目的逻辑网络地址或子网地址，24 为目的逻辑网络或子网的网络掩码 255.255.255.0；Static 表示本条路由信息是通过手工配置的方式学习到的；60 为路由协议优先级；0 为此路由的开销值；10.0.0.2 为下一跳逻辑地址，GigabitEthernet0/0/0 为将要进行数据转发的接口。RD 表示路由

标记,其中 R 是 relay 的首字母,表示是迭代路由,会根据路由下一跳的 IP 地址获取出接口。配置静态路由时如果只指定下一跳 IP 地址,而不指定出接口,那么就是迭代路由,需要根据下一跳 IP 地址的路由获取接口。D 是 download 的首字母,表示该路由下发到 FIB 表。

| Destination/Mask | Proto | Pre | Cost | Flags | NextHop | Interface |
|---|---|---|---|---|---|---|
| 1.1.1.0/24 | Static | 60 | 0 | RD | 10.0.0.2 | GigabitEthernet0/0/0 |

图 3-3  路由表中的路由信息示例

### 3.1.3  路由分类与查找

上一节讲解了路由表的结构,也许大家会有个疑问:路由器不是即插即用设备,路由信息必须通过配置才会产生,无论手工或自动学习,路由表最初是如何建立起来的呢?建立起路由表后又如何进行维护呢?并且路由信息必须要根据网络拓扑结构的变化做相应的调整与维护,这些都如何来实现呢?

根据路由信息产生的方式和特点,也就是路由是如何生成的,路由可以被分为:

➢ 直连路由;
➢ 静态路由;
➢ 默认路由;
➢ 动态路由。

微课:路由分类

**一、直连路由**

路由器接口上配置的网段地址会自动出现在路由表中,并与接口关联,这样的路由叫作直连(direct)路由。直连路由是由链路层发现的。其优点是自动发现、开销小;缺点是只能发现本接口所属网段。

当路由器的接口配置了正确的网络协议地址,同时物理连接正常、可以正常检测到数据链路层协议的激活信息时,接口上配置的网段地址会自动出现在路由表中并与接口关联。其中产生方式为直连,路由优先级为 0,拥有最高路由优先级。其度量值为 0,表示拥有最小度量值,如图 3-4 所示。

| Routing Tables: Public | | | | | | |
|---|---|---|---|---|---|---|
| Destination/Mask | Proto | Pre | Cost | Flags | NextHop | Interface |
| 10.0.0.0/24 | Direct | 0 | 0 | D | 10.0.0.1 | GigabitEthernet0/0/0 |
| 10.0.0.1/32 | Direct | 0 | 0 | D | 127.0.0.1 | GigabitEthernet0/0/0 |
| 10.0.0.255/32 | Direct | 0 | 0 | D | 127.0.0.1 | GigabitEthernet0/0/0 |
| 127.0.0.0/8 | Direct | 0 | 0 | D | 127.0.0.1 | InLoopBack0 |
| 127.0.0.1/32 | Direct | 0 | 0 | D | 127.0.0.1 | InLoopBack0 |
| 127.255.255.255/32 | Direct | 0 | 0 | D | 127.0.0.1 | InLoopBack0 |

图 3-4  路由表中的直连路由示例

直连路由会随接口的状态变化在路由表中自动变化,当接口的物理层与数据链路层状态正常时,直连路由记录会自动出现在路由表中;当路由器检测到此接口关闭后,此条路由会自动消失。

## 二、静态路由

微课:静态路由配置

系统管理员手工设置的路由称为静态(static)路由,一般是在系统安装时就根据网络的配置情况预先设定的,它不会随着未来网络拓扑结构的改变而自动改变。

静态路由的优点是不占用网络和系统资源,比较安全;其缺点是当一个网络故障发生后,必须由网络管理员手工逐条配置,不能自动对网络状态变化做出相应的调整。

 提示

有人也许会这样考虑:"应该避免使用静态路由!"然而,对于一个平滑的网络,静态路由在很多地方都是必要的。仔细地设置和使用静态路由可以改进网络的性能,为重要的应用保存带宽。实际上,在一个无冗余连接网络中,静态路由可能是最佳选择。

推荐在以下两种情况下使用静态路由。

➢ 在固定不变的网络中使用静态路由,减少路由选择问题和路由选择数据流的过载。

➢ 在一个非常大型的网络中,各个区域通过一到两条主链路连接,路由基本没有变化。

前者在某些时候可以通过备份中心提供多条通路,由备份中心来检测网络拓扑结构,以便当一条网络链路出现故障时,通过路由的切换来实现数据业务在不同通路间的切换。后者的隔离特征有助于减少整个网络中路由选择协议的开销,限制路由选择发生改变和出现问题的范围。

## 三、默认路由

默认(default)路由是一个路由表条目,用来指明一些在下一跳没有明确地列于路由表中的数据单元应如何转发。对于在路由表中找不到明确路由条目的所有数据包,都将按照默认路由指定的接口和下一跳地址进行转发。

在路由表中,默认路由以到网络 0.0.0.0(掩码为 0.0.0.0)的路由形式出现。默认路由是否出现在路由表中取决于本地出口状态。

如果报文的目的地址不能与路由表的任何记录相匹配,那么该报文将选取默认路由。如果也没有默认路由,那么该报文被丢弃,同时将返回源设备一个 ICMP 报文,指出该目的地址或网络不可达。

 提示

默认路由在网络中是非常有用的。在一个包含上百个路由器的典型网络中,选择动态路由协议可能耗费大量的带宽资源,使用默认路由意味着可采用适当带宽的链路来替代高带宽的链路以满足大量用户通信的需求。Internet 中大约 99.99% 的路由器上都存在一条默认路由。

默认路由可以是手工配置的静态路由,但有时也可以由动态路由协议产生。比如

OSPF 路由协议配置了 Stub 区域的路由器会动态产生一条默认路由。本书在不特别说明的情况下,都是由静态方式产生的默认路由。

　　默认路由的优点是可以极大减少路由表条目,而缺点是一旦配置不正确可能导致路由环路,也可能导致非最佳路由。

**举例**

　　图 3-5 所示为一个手工配置默认路由的示例。所有从 172.16.1.0 网络中传出的、没有明确目的地址的路由条目与之匹配的 IP 包,都被传送到了默认的网关 172.16.2.2 上。

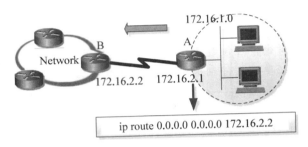

图 3-5　静态默认路由配置示例

**四、动态路由**

　　正如前边所讲,路由表可以是由系统管理员固定设置好的静态路由表,也可以是动态路由选择协议根据网络运行情况而自动调整的。根据所配置的路由选择协议提供的功能,动态(dynamic)路由可以自动学习和记忆网络运行情况,在需要时自动计算数据传输的最佳路径。它适应大规模和复杂的网络环境下的应用。

　　所有的动态路由协议在 TCP/ IP 协议族中都属于应用层的协议,但是不同的路由协议使用的底层协议不同。配置了动态路由选择协议后,动态路由协议通过交换路由信息,生成并维护转发所需的路由表。当网络拓扑结构改变时,动态路由协议可以自动更新路由表,并负责决定数据传输最佳路径。

　　动态路由协议的优点是可以自动适应网络状态的变化,自动维护路由信息而不需要网络管理员的参与。其缺点为由于需要相互交换路由信息,因而占用网络带宽与系统资源。另外,其安全性也不如静态路由。在有冗余连接的复杂大型网络环境中,适合采用动态路由协议。

**五、路由优先级**

　　一台路由器上可以同时运行多个路由选择协议,不同的路由协议都有自己的标准来衡量路由的好坏,并且都把自己认为是最好的路由送到路由表中。这样一来,到达同样的目的地址,就可能存在多条分别由不同路由协议学习而来的不同路由。

举例

在图 3-6 中,RIP 与 OSPF 协议都发现并计算出了到达同一条网络 10.0.0.0/16 的最佳路径,但由于选路算法不同,选择了不同的路径。OSPF 具有比 RIP 高的路由优先级(数值较小),所以路由器将通过 OSPF 学到的这条路由加入路由表中。

图 3-6 路由优先级工作示例

必须是完全相同的一条路由才进行路由优先级的比较,如 10.0.0.0/16 和 10.0.0.0/24 被认为不是相同的路由。

虽然每个路由选择协议都有自己的度量值,但是不同协议间的度量值含义不同,也没有可比性。实际应用中,可使用路由优先级来实现这个目的,不同的路由协议有不同的路由优先级。数值小的优先级高,当存在到达同一个目的地址的多条路由时,可以根据优先级的大小,选择其中一个优先级最小的作为最优路由,同时将这条路由写进路由表中。

表 3-1 中列出了各种路由选择协议的默认优先级(以华为规定为例):

表 3-1 不同路由选择协议路由的默认优先级

| 路由选择协议 | 默认优先级 |
| --- | --- |
| 直连路由 | 0 |
| OSPF 内部路由 | 10 |
| IS-IS 路由 | 15 |
| 静态路由 | 60 |
| RIP 路由 | 100 |
| OSPF ASE/NSSA 路由 | 150 |
| BGP 路由 | 255 |

路由优先级的数值范围为 0~255。默认路由优先级的赋值原则为:直连路由具有最高优先级,度量值算法复杂的路由协议(OSPF 内部、IS-IS)优先级次之,手工设置的路由条目高于度量值算法简单的路由协议(RIP),接下来是 OSPF 外部路由,最后为边界网关 BGP 路由。

**六、路由查找——最长匹配原则**

在路由器中,路由查找遵循的是最长匹配原则。所谓的最长匹配就是路由查找时,使用路由表中到达同一目的地的子网掩码最长的路由。

 **举例**

例如,图 3-7 所示的路由表中有"192.168.20.16/28"和"192.168.0.0/16"两条记录,在查找 IP 地址 192.168.20.19 的时候,这两个表项都"匹配",即网络地址的前 28 位和前 16 位与该 IP 地址都一致。这时路由选择将遵循"最长匹配原则",即按照"192.168.20.16/28"结果进行路由。

| | | | |
|---|---|---|---|
| 192.168.20.16/28 | 11000000.10101000 | .00010100.000 | 1* |
| 192.168.0.0/16 | 11000000.10101000 | * | |
| 192.168.20.19 | 11000000.10101000 | 00010100.000 | 10011 |

图 3-7 最长匹配示例

### 3.1.4 路由器工作原理

路由器工作在 OSI 参考模型的第三层(网络层),主要的作用是为收到的数据包寻找正确的路径,并把它们转发出去。在这个过程中,路由器有两个最重要的基本功能:路由功能与交换功能。

**一、路由功能**

路由功能是指路由器通过运行动态路由协议或其他方法来学习和维护网络拓扑结构知识的机制,产生和维护路由表。

为了完成路由功能,路由器需要学习与维护以下几个基本信息:

① 需要知道被路由协议选择的接口是什么。一旦在接口上配置了 IP 地址、子网掩码,即在接口上启动了 IP 协议。如路由器接口状态正常的话,就可以利用这个接口转发数据包。

② 目的网络地址是否已存在。通常 IP 数据包的转发依据是目的网络地址,路由表中必须有能够匹配得上的路由条目才能够转发此数据包,否则此 IP 数据包将被路由器丢弃。

**二、交换/转发功能**

路由器的交换/转发功能与以太网交换机概念不同,指的是数据在路由器内部移动与处理的过程:从路由器一个接口接收,然后选择合适接口转发。这个过程中要做帧的解封装与封装,然后对包做相应处理,如图 3-8 所示。

① 接口对帧进行 CRC 校验,检查其目的 MAC 地址是否与本接口符合,相同则去掉帧的封装并读出 IP 数据包中的目的地址信息。

② 查询路由表,决定转发接口与下一跳地址信息。

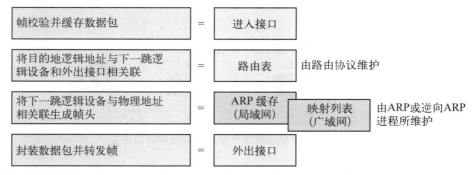

图 3-8 路由器内部处理数据过程

③ 查找缓存中是否有转发接口上进行数据链路层封装所需的信息,比如 MAC 地址,如果没有,则路由器将通过适当的进程获得这些信息。

 **提示**

如果转发接口是以太网,则将通过 ARP 协议获得下一跳 IP 地址所对应的 MAC 地址;如果转发接口是广域网接口,则将通过手工配置或自动实现的映射过程获得相应的二层地址信息。

④ 做新的数据链路层封装,并依据外出接口上所做的 QoS 策略入相应的队列,等待接口空闲进行数据转发。

对路由器的工作原理总结如下:

第一,对于一个特定的路由协议,可以发现到达目的网络的所有路径,根据选路算法赋予每一条路径 Metric 值,并比较 Metric 值,选择数值最小的路径为最佳路径。

第二,一台路由器上可以同时运行多个不同的路由选择协议,每个路由协议都会根据自己的算法计算出到达目的网络不同的最佳路径。此时,路由器根据路由优先级将最佳路径放置在路由表中,作为到达这个目的网络的转发路径。

第三,在查找路由时可能会发现能匹配上多条路由条目,此时路由器将根据最长匹配原则进行数据的转发。

### 三、IP 路由过程

数据包每到达一台路由器,都是依靠当前所在路由器的路由表信息做转发决定的,所以这种方式被称为逐跳(hop by hop)的方式。数据包能否被正确转发至目的地,取决于整条路径上所有的路由器是否都具备正确的路由信息。

IP 数据包在从源到目的的转发过程中,源 IP 地址与目的 IP 地址保持不变(假设没有 NAT)。但是,数据帧每次都要重新封装,源 MAC 地址与目的 MAC 地址每经过一台路由器将被改变。

 **例子**

图 3-9 中,三个局域网用两个路由器 $R_1$ 和 $R_2$ 互连起来,现在主机 $H_1$ 和主机 $H_2$

进行通信。

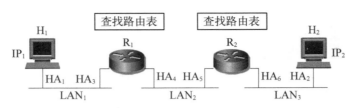

图 3-9　IP 地址与硬件地址在网络中的使用

① IP 数据包中的源地址和目的地址在整个传送过程中,包括经过路由器,都不会发生任何改变。

② 当 IP 数据包经过路由器时,路由器会根据目的 IP 地址的网络号进行路由选择。

③ 同一 LAN 内的设备(PC 或路由器)根据 MAC 地址寻址,MAC 帧在不同 LAN 上传送时,其 MAC 帧首部中的源地址和目的地址要发生变化。

图 3-9 中不同层次、不同区间的源地址和目的地址见表 3-2 所示。

表 3-2　图 3-9 中不同层次、不同区间的源地址和目的地址

| | IP 数据包首部 | | MAC 帧首部 | |
|---|---|---|---|---|
| | 源地址 | 目的地址 | 源地址 | 目的地址 |
| 从 H₁ 到 R₁ | IP₁ | IP₂ | HA₁ | HA₃ |
| 从 R₁ 到 R₂ | IP₁ | IP₂ | HA₄ | HA₅ |
| 从 R₂ 到 H₂ | IP₁ | IP₂ | HA₆ | HA₂ |

操作练习

两台路由器用吉比特级以太网口(GE)相连,如 R1 的 GE 0/0/0 和 R2 的 GE 0/0/0 相连,IP 地址规划如图 3-10 所示。

图 3-10　路由器基本配置示例

1. 命令视图

```
/*用户视图*/
<Router>
<Router>system-view
```

```
/*系统视图*/
[Router]quit
<Router>
/*其他视图*/
[Router]interface GigabitEthernet 0 /0 /0
或
[Router]int g0 /0 /0
[Router-GigabitEthernet0 /0 /0]return
<Router>
```

## 2. 基本命令

```
/*命令行帮助*/
[Router]?
[Router]interface ?
[Router]rou?
/*修改路由器名称*/
[Router]sysname R1
[R1]
/*保存配置文件*/
<R1> save
/*清空配置文件*/
<R1> reset saved-configuration
```

## 3. 接口配置

```
/*进入路由器接口视图*/
[R1]interface GigabitEthernet 0 /0 /0
/*配置接口 IP 地址和掩码*/
[R1 - GigabitEthernet0 /0 /0]ip address 12.1.1.1 24
/*查看接口 IP 信息摘要*/
[R1 - GigabitEthernet0 /0 /0]display ip interface brief
```

## 4. Console 接口配置

```
/*进入 Console 接口视图*/
[R1]user-interface console 0
[R1-ui-console0]authentication-mode password
Please configure the login password (maximum length 16):ABC123
[R1-ui-console0]
或
[R1]user-interface console 0
[R1-ui-console0]set authentication password cipher ABC123
[R1-ui-console0]
```

### 5. Telnet 远程登录

```
/* 设置允许 5 条并发线路对此路由的远程访问(0-4) */
[R1]user-interface vty 0 4
/* 这一句的作用是要求输入登录密码,如果是 no login 远程登录将不需要密码 */
[R1-ui-vty0-4]authentication-mode password
Please configure the login password (maximum length 16):abc123
[R1-ui-vty0-4]user privilege level 3
[R1-ui-vty0-4]
或
[R1-ui-vty0-4]set authentication password cipher abc123
[R1-ui-vty0-4]user privilege level 3
[R1-ui-vty0-4]
/* 测试其他设备远程登录功能 */
<R2> telnet 12.1.1.1
/* 登录成功后,查看已经登录的用户信息 */
[R1]display users
```

### 6. 查看配置

```
/* 查看路由器基本信息 */
<R1> display version
/* 查看路由器当前配置 */
<R1> display current-configuration
/* 查看路由器接口信息 */
<R1> display interface GigabitEthernet 0 /0 /0
/* 查看路由器 IP 信息摘要 */
<R1> display ip interface brief
/* 查看路由器配置信息 */
<R1> display ip routing-table
/* 保存当前配置 */
```

只要给路由器接口配置了 IP 地址和子网掩码,路由表就有了到直连网段的路由,不需要再添加到直连网段的路由。【display ip routing-table】命令可以看到路由表内容。

### 7. 测试连通性

```
/* 使用 ping 命令测试 R1 和 R2 之间的连通性 */
/* 测试与其他路由器接口或主机的连通性 */
<R1> ping 12.1.1.2
  PING 12.1.1.2: 56   data bytes, press CTRL_C to break
    Reply from 12.1.1.2: bytes = 56 Sequence = 1 ttl = 255 time = 80 ms
    Reply from 12.1.1.2: bytes = 56 Sequence = 2 ttl = 255 time = 20 ms
```

```
Reply from 12.1.1.2: bytes = 56 Sequence = 3 ttl = 255 time = 30 ms
Reply from 12.1.1.2: bytes = 56 Sequence = 4 ttl = 255 time = 30 ms
Reply from 12.1.1.2: bytes = 56 Sequence = 5 ttl = 255 time = 40 ms
--- 12.1.1.2 ping statistics ---
    5 packet(s) transmitted
    5 packet(s) received
    0.00 % packet loss
    round-trip min /avg /max = 20 /40 /80 ms
% Sequence 为包序号,ttl 为最大跳数,time 为时延
```

　　根据测试结果,5 个数据包都是从 R2 返回的 ICMP 响应包,没有丢包,说明网络畅通。

　　8. 跟踪路径

```
/* 使用 tracert 命令检测到目的地址的路径 */
<R1> tracert 12.1.1.2
    traceroute to  12.1.1.2(12.1.1.2), max hops: 30, packet length: 40, press CTRL_C to break

1 12.1.1.2 90 ms   10 ms   20 ms
```

　　从跟踪数据包路径的结果看,只经过一个路由器即 R2 就到达了目的地址。

文本:课前任务单

**课前准备**

| 课前学习任务单(建议 1 小时) | |
| --- | --- |
| 学习目标 | —掌握路由器的定义和作用<br>—掌握路由表的基本概念<br>—掌握路由的分类<br>—熟悉路由器各个模式视图 |
| 任务内容 | —知识学习:路由基础<br>—范例学习:路由器基本配置过程<br>—完成考核任务 |
| 范例学习 | —硬件安装<br>—参数配置<br>—连通测试<br>—输入测试命令<br>—记录结果 |
| 课前任务考核 | —考核方式:线上【讨论区】<br>—考核要求Ⅰ:配置操作截图 3～4 幅<br>—考核要求Ⅱ:在讨论区发言 1 条,为提问、总结或配置体会等 |

1. 基础训练(难度、任务量小)

| 基础任务单 | | | | |
|---|---|---|---|---|
| 任务名称 | 路由器开局与日常维护配置 | | | |
| 涉及领域 | 路由基础 | | | |
| 任务描述 | —路由器命名 　　　　　　—路由器接口设置<br>—路由器密码设置 　　　　　—查看路由器配置参数<br>—路由器远程登录 | | | |
| 工程人员 | | 项目组 | | 工号 |
| 操作须知 | —设备摆放、连线规范。<br>—设备配置要保存。<br>—拓扑文件要保存。<br>—修改设备和主机名称。 | | | |
| 任务内容 | —搭建如图 3-11 所示网络,填写表 3-3 的 IP 参数,设置 PC1 的 IP 地址、子网掩码及网关。<br>—路由器 R1 配置:<br>　■ 更改设备名称。<br>　■ 配置 GE0/0/0 接口 IP 地址。<br>　■ 配置 Console 接口(建议为学号)。<br>　■ 配置 Telnet 密码。<br>—交换机 S1 配置:配置 Telnet 密码。<br>—验证测试:<br>　■ 查看 R1 的配置结果。<br>　■ 查看 R1 的路由表。<br>　■ 使用 ping 命令测试主机 PC1 与 R1、PC1 与 S1 之间的连通性。<br>　■ 使用 PC1 远程登录 R1 和 S1。<br>说明:PC1 可以用 R2 来替代,通过 R2 实现远程登录功能。 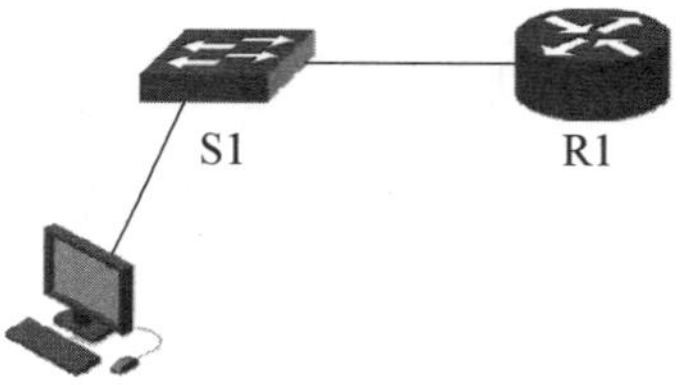 | | | |

图 3-11　基础任务单网络拓扑

| 网络编址 | —根据网络拓扑图 3-11 设计网络设备的 IP 编址,填写表 3-3 所示地址表,根据需要填写,不需要的填写"×"。 |
|---|---|

表 3-3　设备配置地址表

| 设备 | 接口 | IP 地址 | 子网掩码 | 网关 |
|---|---|---|---|---|
| R1 | GE0/0/0 | | | |
| S1 | 三层 | | | |
| PC1(R2) | E0/0/1<br>(GE0/0/0) | | | |

| 验收结果 | —网络搭建情况、参数设计。<br>—查看设备配置信息并记录。<br>—测试连通性、测试远程登录、测试 Console 密码。 |
|---|---|

文本:进阶任务单

2.进阶训练(难度、任务量大)

| 进阶任务单 | | | | |
|---|---|---|---|---|
| 任务名称 | 路由器开局与日常维护配置 | | | |
| 涉及领域 | 路由基础 | | | |
| 任务描述 | —路由器命名 　　　　　　　　—路由器接口设置<br>—路由器密码设置　　　　　　—查看路由器配置参数<br>—路由器远程登录 | | | |
| 工程人员 | | 项目组 | | 工号 |
| 操作须知 | —设备摆放、连线规范。<br>—设备配置要保存。<br>—拓扑文件要保存。<br>—修改设备和主机名称。 | | | |
| 任务内容 | —搭建如图 3-12 所示网络,填写表 3-4 的 IP 参数,设置 PC1(管理主机)、PC2(普通主机)的 IP 地址、子网掩码及网关。<br>—路由器 R1 配置:<br>　■ 更改设备名称。<br>　■ 配置 GE0/0/0、GE0/0/1 接口的 IP 地址。<br>　■ 配置 Console 接口(建议为学号)。<br>　■ 配置 Telnet 密码。<br>—交换机 S1 配置:配置 Telnet 密码。<br>—验证测试:<br>　■ 查看 R1 的配置结果。<br>　■ 查看 R1 的路由表。<br>　■ 使用 ping 命令测试主机 PC1 与 R1、PC2 与 R1、PC1 与 S1 之间的连通性。<br>　■ 使用 PC1、PC2 远程登录 R1 和 S1。<br>说明:PC1 可以用 R2 来替代,PC2 可以用 R3 来替代,通过 R2、R3 实现远程登录功能。 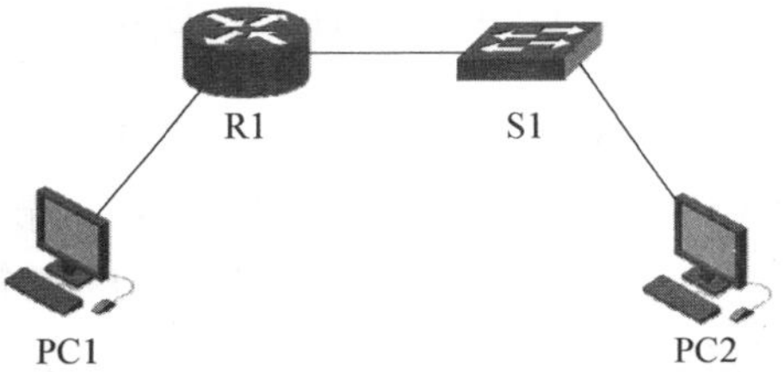 | | | |
| 网络编址 | —根据网络拓扑图 3-12 设计网络设备的 IP 编址,填写表 3-4 所示地址表,根据需要填写,不需要的填写"×"。<br>表 3-4　设备配置地址表 | | | |
| 验收结果 | —网络搭建情况、参数设计。<br>—查看设备配置信息并记录。<br>—测试连通性、测试远程登录、测试 Console 密码。 | | | |

图 3-12　进阶任务单网络拓扑

表 3-4　设备配置地址表

| 设备 | 接口 | IP 地址 | 子网掩码 | 网关 |
|---|---|---|---|---|
| R1 | GE0/0/0 | | | |
| | GE0/0/1 | | | |
| S1 | 三层 | | | |
| PC1(R2) | E0/0/1(GE0/0/0) | | | |
| PC2(R3) | E0/0/1(GE0/0/0) | | | |

# 3.2 VLAN 间路由

 需求分析

在校园网内,通过划分不同的 VLAN,隔离了不同部门网段之间的二层通信,保证各部门间的信息安全,但是由于业务需要,有些部门需要实现跨 VLAN 通信。网络管理员决定借助三层功能,通过配置三层通信来实现 VLAN 间路由。本节任务要求:在图 3 – 13 中,办公行政区的财务处和教务处分别规划使用 VLAN 10 和 VLAN 20,其中财务处下主机 PC1 和教务处下主机 PC2 要进行通信,要求提出不同的解决方案实现通信需求。

 知识学习

### 3.2.1 VLAN 间通信的路由选择

VLAN 是基于二层的技术,但是如果 VLAN 之间的信息还需要互通,这样就需要通过 VLAN 的三层路由功能来实现,本节任务是介绍如何实现 VLAN 间的三层路由功能。

一个网络在使用 VLAN 隔离成多个广播域后,各个 VLAN 之间是不能互相访问的,因为各个 VLAN 的流量实际上已经在物理上隔离开来了。交换部分对 VLAN 技术进行了详细讲解,但是隔离网络并不是建网的最终目的,选择 VLAN 隔离只是为了优化网络,最终还是要让整个网络能够畅通起来。

VLAN 之间的通信解决方法是在 VLAN 之间配置路由器,这样 VLAN 内部的流量仍然通过原来的 VLAN 内部的二层网络进行,从一个 VLAN 到另外一个 VLAN 的通信流量,通过路由在三层上进行转发,转发到目的网络后,再通过二层交换网络把报文最终发送给目的主机。由于路由器对以太网上的广播报文采取不转发的策略,因此,中间配置的路由器仍然不会改变划分 VLAN 所达到的广播隔离目的。

在 VLAN 之间做互联使用的路由器上,通过各种配置使网络处于受控的状态,比如对路由协议的配置、对访问控制的配置等等形成对 VLAN 之间互相访问的控制策略。在划分了 VLAN 并且使用路由器将 VLAN 互联起来的网络中,网络的主机是怎样相互通信的呢?

🔊 提示 ～～～～～～～～～～～～～～～～～～～～～～～～～～～～～～～～～～～～～～

认为处于相同 VLAN 内部的主机叫作本地主机,与本地主机之间的通信叫作本地通信。处于不同 VLAN 的主机叫作非本地主机,与非本地主机之间的通信叫作非本地通信。

对于本地通信,通信两端的主机同处于一个相同的广播域,两台主机之间的流量可以直接相互到达,通信的过程与二层网络中的情况相同,这里不作描述了。

对于非本地通信,通信两端的主机位于不同的广播域内,两台主机的流量不能互相

到达,主机通过 ARP 广播请求也不能请求到对方的地址,此时的通信必须借助于中间的路由器来完成。

路由器在各个 VLAN 中间,实际上是作为各个 VLAN 的网关,因此,互相通信的主机必须要知道这个路由器的地址。在路由器配置好以后,主机上配置默认网关为路由器在本 VLAN 上的接口地址。如图 3－13 所示,主机 PC1 和主机 PC2 处于不同的 VLAN 中,两者要进行通信。

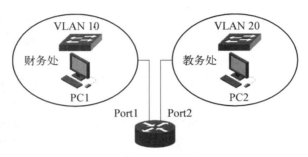

图 3－13　不同 VLAN 间的主机通信

首先,主机 PC1 根据本地的子网掩码比较,发现目的主机不是本地主机,不能够直接访问目的主机。根据 IP 通信的规则,PC1 将要查找本机的路由表寻找相应的网关,在实际网络中,主机通常只配置了默认网关,因此,这里 PC1 找到了默认网关。

然后,PC1 在本机的 ARP Cache 中查找默认网关的 MAC 地址,如果没有该地址,则启动一个 ARP 请求的过程去发现。得到默认网关的 MAC 地址后,主机将帧发给默认网关,默认网关地址就是路由器 Port1 接口地址,帧交由路由器进行转发。通过查找路由表,路由器将报文转发到接口 Port2 上,然后查找到主机的 MAC 地址,将报文发给目的主机 PC2。目的主机收到请求报文后,回答报文要经历相同的过程,再转发回 PC1。

VLAN 间的互通和其他网络间的互通配置相同,不能简单地把设备放在那里,要根据网络的实际设计情况进行配置。不仅要配置路由器的地址,还要在主机上配置网关地址,VLAN 间的通信才能正常进行。

### 3.2.2　VLAN 间路由类型

如 3.2.1 节所述,VLAN 间的通信使用路由器进行,目前实现 VLAN 间路由主要采用如下三种方式:

➤ 多臂路由;

➤ 单臂路由;

➤ 三层交换机。

#### 一、多臂路由

按照传统的建网原则,在路由器上为每个 VLAN 分配一个单独的接口,即从每一个需要进行互通的 VLAN 单独建立一个物理连接到路由器。当 VLAN 间的主机需要通信时,数据会经由路由器选择路由,并被转发到目的 VLAN 内的主机中,这样就可以实现 VLAN 间主机的相互通信。在这样的配置下,路由器上的路由接口和物理接口是一对一的对应关系,路由器在进行 VLAN 间路由的时候就要把报文从一个路由接口上转发到另一个路由接口上,同时从一个物理接口上转发到其他的物理接口上去。如图3-14所示,交换机下面有三个 VLAN 区域,分别是 VLAN 10、VLAN 20 和 VLAN 30,在不同 VLAN 中的主机要通信必须通过路由器,这里每个 VLAN 都通过交换机的一个接口连接至路由器的一个接口。

**图 3 - 14   多臂路由方式**

然而,随着每台交换机上 VLAN 数量的增加,这样做必然需要大量的路由器接口,而路由器的接口数量是极其有限的。此外,某些 VLAN 之间的主机可能不需要频繁进行通信,如果也这样配置,就会导致路由器的接口利用率很低。因此,在实际应用中,一般不会采用多臂路由来解决 VLAN 间的通信问题。

## 二、单臂路由

在现实中,单臂路由技术是解决 VLAN 间通信的一种较好的方法。单臂路由的原理是通过一台路由器,使 VLAN 间互通数据通过路由器进行三层转发。路由器同一网络接口的不同子接口作为不同 VLAN 的默认网关,当不同 VLAN 间的用户主机需要通信时,只需将数据包发给网关,网关处理后再发送至目的主机所在的 VLAN,从而实现 VLAN 间通信。由于从拓扑结构图上看,在交换机与路由器之间,数据仅通过一条物理链路传输,故被形象地称之为"单臂路由"。

如果路由器以太网接口支持 802.1Q 标准,那么可实现单臂路由。单臂路由技术使多个 VLAN 的业务流量共享一个的物理连接,通过在单臂路由的物理连接上传递打标签的帧,用不同的标签区分各个 VLAN 的流量。如图3-15所示,交换机和路由器之间仅使用一条物理链路连接。在交换机上,把连接到路由器的接口配置成 Trunk 模式的接口,并允许相关 VLAN 的帧通过。在路由器上创建子接口(Sub-Interface),逻辑上把连接路由器的物理链路分成了多条链路(每个子接口对应一个 VLAN)。这些子接口的 IP 地址各不相同,每个子接口的 IP 地址应该配置为该子接口所对应 VLAN 的默认网关地址。

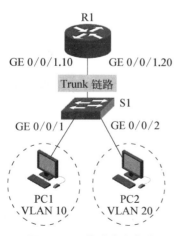

**图 3 - 15   单臂路由方式**

在这样的配置下,路由器上的路由接口和物理接口是多对一的对应关系,路由器在进行 VLAN 间路由的时候把报文从一个路由子接口上转发到另一个路由子接口上,从物理接口上看是从一个物理接口上转发回同一个物理接口上去,但是 VLAN 标记在转发后被替换为目标网络的标记。子接口是一个逻辑上的概念,所以子接口常被称为虚接口。

配置子接口时,需要注意以下几点:

① 必须为每个子接口分配一个 IP 地址。该 IP 地址与子接口所属的 VLAN 位于同一网段。

② 需要在子接口上配置 IEEE 802.1Q 封装。

③ 在子接口上执行【arp broadcast enable】命令启动子接口的 ARP 广播功能。

本例中,PC1 发送数据给 PC2 时,路由器 R1 会通过 GE0/0/1.10 子接口收到此数据,并查找路由表,将数据从 GE0/0/1.20 子接口发送给 PC2,这样就实现了 VLAN 10 和 VLAN 20 之间的主机通信。

当 VLAN 间路由的流量不足以达到链路的线速度时,单臂路由技术可以提高链路的带宽利用率、节省接口资源和简化管理,比如网络要增加 VLAN,只要修改设备的配置,不用对网络布线进行修改。单臂路由的 VLAN Trunking 做法也存在局限性,比如带宽不足和转发效率不高的问题。由于路由器利用通用的 CPU,转发完全依靠软件进行,要处理包括报文接收、校验、查找路由、选项处理、报文分片的问题,导致性能不能做到很高。这项技术应用较少,更多的是选择三层交换机,利用三层交换技术来进一步改善 VLAN 间路由的性能。

**？思考**

VLAN 间的通信可以利用单臂路由的方式实现,那么利用单臂路由实现数据转发会存在哪些潜在问题?该如何解决?

### 三、三层交换机

三层交换机在原有二层交换机的基础之上增加了路由功能,由于数据没有像单臂路由那样经过唯一的物理线路进行路由,很好地解决了带宽瓶颈的问题,为网络设计提供了一个灵活的解决方案。三层交换机中每个 VLAN 对应一个 IP 网段,VLAN 之间还是隔离的,但不同 IP 网段之间的访问要跨越 VLAN,它需要使用三层转发模块提供的 VLAN 间路由功能。该第三层转发模块相当于传统组网中的路由器,当需要与其他 VLAN 通信时,要在三层转发模块上分配一个路由接口(逻辑接口 VLANIF),用来作为 VLAN 的网关。

VLANIF 接口是基于网络层的接口,可以配置 IP 地址。借助 VLANIF 接口,三层交换机就能实现路由转发功能。如图 3-16 所示,在三层交换机上配置 VLANIF 接口来实现 VLAN 间路由。图中有两个 VLAN,需要配置两个 VLANIF 接口,并给每个 VLANIF 接口配置一个 IP 地址。用

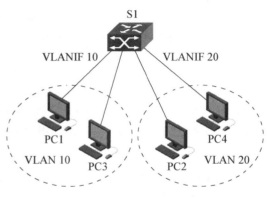

**图 3-16　三层交换方式**

户设置的默认网关就是三层交换机中 VLANIF 接口的 IP 地址。

思考

考虑三层交换机与路由器实现三层功能的方式是否相同？为什么？

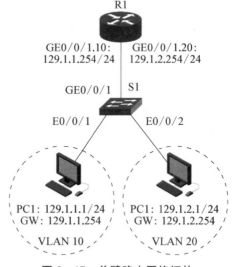

图 3-17 单臂路由网络拓扑

相对于多臂路由，单臂路由可以节约路由器的接口资源，但当 VLAN 数量较多，VLAN 间通信流量很大时，单臂链路所能提供的带宽有可能无法支撑这些通信流量，而三层交换设备较好地解决了接口数量和交换带宽问题。

**操作练习**

**一、单臂路由配置**

根据图 3-17 所示的网络拓扑，在路由器上配置单臂路由，实现 VLAN 10 和 VLAN 20 的互连互通。

1. 创建 VLAN 并配置 Trunk、Access 接口

```
/* 在交换机 S1 上创建 VLAN 10 和 VLAN 20 */
[S1]vlan batch 10 20
/* 配置 Trunk 接口,允许 VLAN 10 和 VLAN 20 的数据通过 */
[S1 - GigabitEthernet0 /0 /1]port link-type trunk
[S1 - GigabitEthernet0 /0 /1]port trunk allow-pass vlan 10 20
或
[S1 - GigabitEthernet0 /0 /1]port trunk allow-pass vlan all
/* 配置 Access 接口 */
[S1 - Ethernet0 /0 /1]port link-type access
[S1 - Ethernet0 /0 /1]port default vlan 10
[S1 - Ethernet0 /0 /2]port link-type access
[S1 - Ethernet0 /0 /2]port default vlan 20
```

校园网为保障各部门的信息安全,需要保证隔离不同部门间的二层通信,规划各部门主机属于不同的 VLAN,与主机相连的交换机接口配置为 Access 类型接口,并划分到相应的 VLAN 中。交换机之间或交换机与路由器之间相连的接口需要传递多个 VLAN 信息,需要配置成 Trunk 接口,并允许指定或者所有 VLAN 通过。

2. 配置路由器子接口和 IP 地址

```
/* 在路由器 R1 上创建子接口,配置 IEEE 802.1Q(DOT1Q)和 IP 地址(VLAN 10、VLAN 20 中所有主机
的网关地址) */
```

```
[R1]interface g0 /0 /1.10
[R1 - GigabitEthernet0 /0 /1.10]ip address 129.1.1.254 24
[R1 - GigabitEthernet0 /0 /1.10]quit
[R1]interface g0 /0 /1.20
[R1 - GigabitEthernet0 /0 /1.20]ip address 129.1.2.254 24
[R1 - GigabitEthernet0 /0 /1.20]quit
/* 在 PC1、PC2 上配置 IP 和网关地址后,测试 PC1 和 PC2 之间的连通性 * /
PC1 > ping 129.1.2.1
Ping 129.1.2.1: 32 data bytes, Press Ctrl_C to break
From 129.1.1.1: Destination host unreachable
From 129.1.1.1: Destination host unreachable
From 129.1.1.1: Destination host unreachable
From 129.1.1.1: Destination host unreachable
From 129.1.1.1: Destination host unreachable
……
```

可以观察到,通信仍然无法建立。这是因为由 S1 发送给 R1 的数据都加上了 VLAN 标签,而路由器作为三层设备,默认无法处理带 VLAN 标签的数据包。因此,需要在路由器的子接口下配置对应 VLAN 的封装,使路由器能够识别和处理 VLAN 标签,包括剥离和封装 VLAN 标签。

3. 配置路由器子接口封装 VLAN

```
/* 在 R1 的子接口 GE0 /0 /1.10 上封装 VLAN 10 * /
[R1]interface g0 /0 /1.10
[R1 - GigabitEthernet0 /0 /1.10]dot1q termination vid 10
/* 开启子接口 GE0 /0 /1.10 的 ARP 广播功能 * /
[R1 - GigabitEthernet0 /0 /1.10]arp broadcast enable
[R1 - GigabitEthernet0 /0 /1.10]quit
/* 在 R1 的子接口 GE0 /0 /1.20 上封装 VLAN 20 * /
[R1]interface g0 /0 /1.20
[R1 - GigabitEthernet0 /0 /1.20]dot1q termination vid 20
/* 开启子接口 GE0 /0 /1.20 的 ARP 广播功能 * /
[R1 - GigabitEthernet0 /0 /1.20]arp broadcast enable
[R1 - GigabitEthernet0 /0 /1.20]quit
```

【dot1q termination vid】用于剥离对应 VLAN tag 进行三层转发,也用于发送时添加对应 VLAN tag 到报文中。【arp broadcast enable】开启子接口的 ARP 广播功能,主动发送 ARP 广播报文,以及向外转发 IP 报文。

4. 查看路由器信息

```
/* 在 R1 上查看接口状态 */
[R1]display ip interface brief
* down: administratively down
......
Interface                      IP Address /Mask      Physical   Protocol
GigabitEthernet0 /0 /0         unassigned            down       down
GigabitEthernet0 /0 /1         unassigned            up         down
GigabitEthernet0 /0 /1.10      129.1.1.254 /24       up         up
GigabitEthernet0 /0 /1.20      129.1.2.254 /24       up         up
NULL0                          unassigned            up         up(s)
/* 查看路由器 R1 的路由表 */
[R1]display ip routing-table
Route Flags: R – relay, D – download to fib
--------------------------------------------------------------------------
Routing Tables: Public
        Destinations : 10        Routes : 10
Destination /Mask     Proto   Pre  Cost Flags  NextHop      Interface
    127.0.0.0 /8      Direct  0    0    D      127.0.0.1    InLoopBack0
    127.0.0.1 /32     Direct  0    0    D      127.0.0.1    InLoopBack0
127.255.255.255 /32   Direct  0    0    D      127.0.0.1    InLoopBack0
    129.1.1.0 /24     Direct  0    0    D      129.1.1.254  GigabitEthernet0 /0 /1.10
    129.1.1.254 /32   Direct  0    0    D      127.0.0.1    GigabitEthernet0 /0 /1.10
    129.1.1.255 /32   Direct  0    0    D      127.0.0.1    GigabitEthernet0 /0 /1.10
    129.1.2.0 /24     Direct  0    0    D      129.1.2.254  GigabitEthernet0 /0 /1.20
    129.1.2.254 /32   Direct  0    0    D      127.0.0.1    GigabitEthernet0 /0 /1.20
    129.1.2.255 /32   Direct  0    0    D      127.0.0.1    GigabitEthernet0 /0 /1.20
255.255.255.255 /32   Direct  0    0    D      127.0.0.1    InLoopBack0
```

路由表中含有多个直连路由，类似于路由上的直连物理接口。

5. 测试主机之间、主机与路由器之间的连通性

```
/* 在 PC1 上测试与网关地址的连通性 */
PC1 > PING 129.1.1.254
Ping 129.1.1.254: 32 data bytes, Press Ctrl_C to break
From 129.1.1.254: bytes = 32 seq = 1 ttl = 255 time = 47 ms
......
--- 129.1.1.254 ping statistics ---
  5 packet(s) transmitted
  5 packet(s) received
  0.00 % packet loss
```

round-trip min /avg /max = 31 /37 /47 ms

/ * 在 PC1 上测试与 PC2 的连通性 * /

PC1 > ping 129.1.2.1

Ping 129.1.2.1: 32 data bytes, Press Ctrl_C to break

Request timeout!

From 129.1.2.1: bytes = 32 seq = 2 ttl = 127 time = 78 ms

……

--- 129.1.2.1 ping statistics ---

　5 packet(s) transmitted

　4 packet(s) received

　20.00 % packet loss

　round-trip min /avg /max = 0 /82 /94 ms

可以看到,通信正常。

6. 查询两个主机之间的路径

/ * 在 PC1 上 Tracert PC2 * /

PC > tracert 129.1.2.1

traceroute to 129.1.2.1, 8 hops max

(ICMP), press Ctrl + C to stop

1　129.1.1.254　32 ms　46 ms　47 ms

2　129.1.2.1　78 ms　94 ms　78 ms

可以看到 PC1 先把 ping 包发送给自身的网关 129.1.1.254,然后再由网关发送到 PC2。

**二、三层交换机配置**

根据图 3-18 所示的网络拓扑,利用三层交换机实现 VLAN 间路由,实现 VLAN 10 和 VLAN 20 的互连互通。

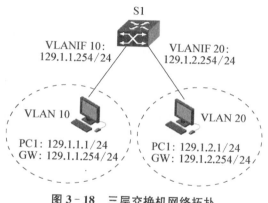

**图 3-18　三层交换机网络拓扑**

### 1. 创建 VLAN 并配置接口

```
/* 在交换机 S1 上创建 VLAN 10 和 VLAN 20 */
[S1]vlan batch 10 20
/* 在交换机 S1 上配置 Access 接口 */
[S1]interface GigabitEthernet 0 /0 /1
[S1 - GigabitEthernet0 /0 /1]port link-type access
[S1 - GigabitEthernet0 /0 /1]port default vlan 10
[S1 - GigabitEthernet0 /0 /1]quit
[S1]interface GigabitEthernet 0 /0 /2
[S1 - GigabitEthernet0 /0 /2]port link-type access
[S1 - GigabitEthernet0 /0 /2]port default vlan 20
[S1 - GigabitEthernet0 /0 /2]quit
```

### 2. 在交换机上配置三层接口 VLANIF

```
/* 在交换机 S1 上配置 VLANIF 接口的 IP 地址 */
[S1]interface Vlanif 10
[S1 - Vlanif10]ip address 129.1.1.254 24
[S1 - Vlanif10]quit
[S1]interface Vlanif 20
[S1 - Vlanif20]ip address 129.1.2.254 24
[S1 - Vlanif20]quit
/* 删除 VLANIF 接口 */
[S1]undo interface Vlanif 10
```

### 3. 查看接口状态

```
< S1 > display ip interface brief
* down: administratively down
......
Interface          IP Address /Mask        Physical        Protocol
MEth0 /0 /1        unassigned              down            down
NULL0              unassigned              up              up(s)
Vlanif1            unassigned              down            down
Vlanif10           129.1.1.254 /24         up              up
Vlanif20           129.1.2.254 /24         up              up
```

可以看到,两个 VLANIF 接口已经生效,接下来测试 PC1 和 PC2 间的连通性。

### 4. 配置主机 IP 参数,测试 VLAN 间的连通性

```
/* 测试 PC1 和 PC2 的连通性 */
PC > ping 129.1.2.1
Ping 129.1.2.1: 32 data bytes, Press Ctrl_C to break
```

```
From 129.1.2.1: bytes = 32 seq = 1 ttl = 127 time = 63 ms
......
--- 129.1.2.1 ping statistics ---
  5 packet(s) transmitted
  5 packet(s) received
  0.00 % packet loss
  round-trip min /avg /max = 31 /40 /63 ms
```

可以看到通信正常,实现了财务处主机与教务处主机间的连通。

 课前准备

文本:课前任务单

| 课前学习任务单(建议 1 小时) | |
|---|---|
| 学习目标 | —了解 VLAN 间路由的需求<br>—熟悉 VLAN 间路由的基本概念<br>—熟悉 VLAN 间路由的几种实现方式及各自优缺点 |
| 任务内容 | —知识学习:VLAN 间路由的实现方式和工作原理<br>—范例学习:单臂路由配置过程<br>—完成考核任务 |
| 范例学习 | —网络搭建<br>—设备参数配置<br>—连通测试<br>—输入测试命令<br>—记录结果 |
| 课前任务考核 | —考核方式:线上【讨论区】<br>—考核要求Ⅰ:配置操作截图 3~4 幅<br>—考核要求Ⅱ:在讨论区发言 1 条,为提问、总结或配置体会等 |

 任务布置

文本:基础任务单

1. 基础训练(难度、任务量小)

| 基础任务单 | |
|---|---|
| 任务名称 | 利用三层交换机实现 VLAN 间路由 |
| 涉及领域 | VLAN 间路由 |
| 任务描述 | —二层交换机 VLAN 配置　　　　　　—查看交换机配置参数<br>—三层交换机 VLAN 配置　　　　　　—测试多层交换网络的连通性<br>—VLANIF 接口配置 |

| 工程人员 | | 项目组 | | 工号 | |
|---|---|---|---|---|---|
| 操作须知 | 一设备摆放、连线规范。<br>一设备配置要保存。<br>一拓扑文件要保存。<br>一修改设备和主机名称。 | | | | |
| 任务内容 | 一搭建如图 3‐19 所示网络,填写表 3‐5 的 IP 参数,本任务所选交换机设备为 2 台 S3700,2 台 PC。S2‐1 为二层交换机,S3‐1 为三层交换机,PC1 为图书馆一楼办公室电脑,PC2 为图书馆二楼办公室电脑。 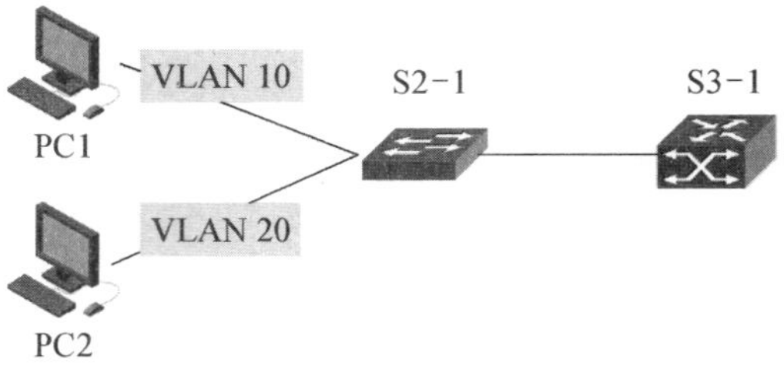<br><br>VLAN 10    S2‐1    S3‐1<br>PC1<br>VLAN 20<br>PC2<br><br>**图 3‐19  基础任务单网络拓扑**<br><br>一二层交换机 S2‐1 配置:<br>■ 更改设备名称。<br>■ 创建 VLAN 并划分接口。<br>■ 查看 VLAN 配置结果。<br>一三层交换机 S3‐1 配置:<br>■ 更改设备名称。<br>■ 创建 VLAN 并划分接口。<br>■ 创建 VLANIF 接口及配置 IP 地址、子网掩码。<br>■ 查看配置结果。<br>一验证测试:<br>■ 使用 ping 命令测试主机 PC1 与 PC2 之间的连通性。 | | | | |
| 网络编址 | 一根据网络拓扑图 3‐19 设计网络设备的 IP 编址,填写表 3‐5 所示地址表,根据需要填写,不需要的填写"×"。<br><br>**表 3‐5  设备配置地址表** | | | | |
| 验收结果 | 一网络搭建情况、参数设计。<br>一查看三层交换机的 IP 信息、VLAN 信息并记录。<br>一测试主机之间的连通性。 | | | | |

**表 3‐5  设备配置地址表**

| 设备 | 接口 | IP 地址 | 子网掩码 | 网关 |
|---|---|---|---|---|
| PC1 | | | | |
| PC2 | | | | |
| S2—1 | | | | |
| S3—1 | | | | |
| | | | | |

**2.进阶训练(难度、任务量大)**

文本:进阶任务单

| 进阶任务单 | |
|---|---|
| 任务名称 | 利用三层交换机实现 VLAN 间路由 |
| 涉及领域 | VLAN 间路由 |
| 任务描述 | —二层交换机 VLAN 配置　　　　　—查看交换机配置参数<br>—三层交换机 VLAN 配置　　　　　—测试多层交换网络的连通性<br>—VLANIF 接口配置 |
| 工程人员 | 项目组　　　　　　　工号 |
| 操作须知 | —设备摆放、连线规范。<br>—设备配置要保存。<br>—拓扑文件要保存。<br>—修改设备和主机名称。 |
| 任务内容 | —搭建如图 3-20 所示网络,填写表 3-6 的 IP 参数,本任务所选交换机设备为 3 台 S3700,4 台 PC。S2-1、S2-2 为二层交换机,S3-1 为三层交换机,PC1、PC3 为实验机房教师机,PC2、PC4 为实验机房学生机。 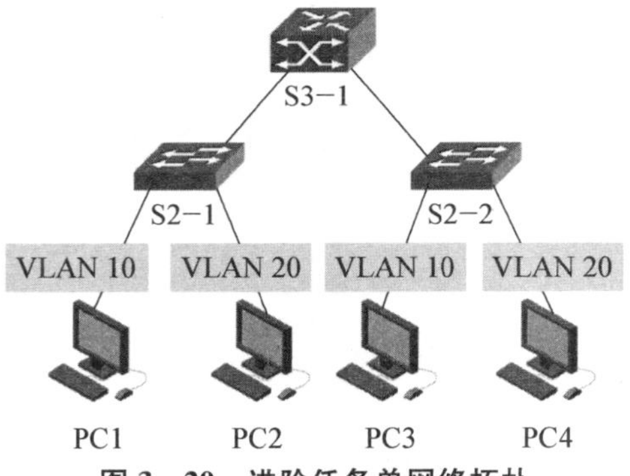<br><br><br>图 3-20　进阶任务单网络拓扑<br><br>—二层交换机 S2-1、S2-2 配置:<br>■ 更改设备名称。<br>■ 创建 VLAN 并划分接口。<br>■ 查看 VLAN 配置结果。<br>—三层交换机 S3-1 配置:<br>■ 更改设备名称。<br>■ 创建 VLAN 并划分接口。<br>■ 创建 VLANIF 接口及配置 IP 地址、子网掩码。<br>■ 查看配置结果。<br>—验证测试:<br>■ 使用 ping 命令测试主机 PC1 与 PC2、PC3、PC4 之间的连通性。 |

| | | | | |
|---|---|---|---|---|
| 网络编址 | —根据网络拓扑图 3－20 设计网络设备的 IP 编址，填写表 3－6 所示地址表，根据需要填写，不需要的填写"×"。<br>　　　　　　表 3－6　设备配置地址表 | | | |

| 设备 | 接口 | IP 地址 | 子网掩码 | 网关 |
|---|---|---|---|---|
| PC1 | | | | |
| PC2 | | | | |
| PC3 | | | | |
| PC4 | | | | |
| S2－1 | | | | |
| S2－2 | | | | |
| S3－1 | | | | |

| | |
|---|---|
| 验收结果 | —网络搭建情况、参数设计。<br>—查看三层交换机的 IP 信息、VLAN 信息并记录。<br>—测试主机之间的连通性。 |

# 3.3　静态路由

 需求分析

　　要想实现校园网内某区域内或者某几个区域间的互通，也就是实现任意两个节点都能通信，就要求所有路由器的路由表要包括所有网段的路由。对于路由器来说，它只知道自己直连的网段，对于没有直连的网段，需要通过管理员人工添加这些网段的路由。这种人工添加路由的方式就是静态路由，无需频繁地交换各自的路由表，配置简单，特别适合于路由器数量少、网络拓扑变化少的网络。本节任务要求：在图 3－21 中，一号教学楼、二号教学楼和校园网信息中心分别属于不同网段，由路由器 R1、R2、R3 相连，末端路由器各自连接着一台主机，要求能够实现主机之间的正常通信。本任务将通过配置基本的静态路由和默认路由来实现。

微课:静态
路由原理

### 3.3.1　静态路由

**一、静态路由介绍**

网络管理员手工设置的路由称之为静态路由,一般是在系统安装时就根据网络的配置情况预先设定的,它不会随未来网络拓扑结构的改变自动改变。其优点是不占用网络、系统资源,安全;其缺点是当一个网络故障发生后,静态路由不会自动修正,必须有管理员的介入,需网络管理员手工逐条配置,不能自动对网络状态变化做出相应的调整。

因此也许会这样考虑:要避免使用静态路由!然而对于一个平滑的网络,静态路由在很多地方都是必要的,仔细地设置和使用静态路由可以改进网络的性能,为重要的应用保存带宽。在一个无冗余连接网络中,静态路由可能是最佳选择。在以下两种情况下推荐使用静态路由:第一,在稳固的网络中使用静态路由,减少路由选择问题和路由选择数据流的过载。例如,在只有一条通路有效的 stub 网络中使用静态路由。第二,在一个构筑非常大型的网络中,各个区域通过一到两条主链路连接。静态路由的隔离特征能够有助于减少整个网络中的路由选择协议开销。

如图 3-21 所示,教学楼区域网络有 net1、net2、net3 和 net4 共 4 个网段,由路由器 R1、R2 和 R3 进行连接。当前路由状况分析如下:

➤ R1 直连 net1、net2 两个网段,net3、net4 是非直连网段,需要添加到 net3、net4 的路由。

➤ R2 直连 net2、net3 两个网段,net1、net4 是非直连网段,需要添加到 net1、net4 的路由。

➤ R3 直连 net3、net4 两个网段,net1、net2 是非直连网段,需要添加到 net1、net2 的路由。

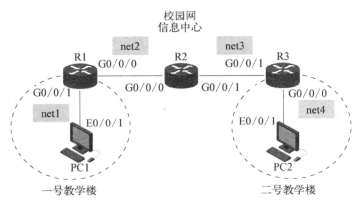

**图 3-21　静态路由配置的网络拓扑**

图 3-21 的网络编址见表 3-7 所示。

表 3-7 图 3-21 网络地址表

| 设备 | 接口 | IP 地址 | 子网掩码 | 网关 |
|---|---|---|---|---|
| PC1 | E0/0/1 | 129.1.1.10 | 255.255.255.0 | 129.1.1.1 |
| R1 | G0/0/1 | 129.1.1.1 | 255.255.255.0 | × |
| | G0/0/0 | 129.1.2.1 | 255.255.255.0 | × |
| R2 | G0/0/0 | 129.1.2.2 | 255.255.255.0 | × |
| | G0/0/1 | 129.1.3.1 | 255.255.255.0 | × |
| R3 | G0/0/1 | 129.1.3.2 | 255.255.255.0 | × |
| | G0/0/0 | 129.1.4.1 | 255.255.255.0 | × |
| PC2 | E0/0/1 | 129.1.4.10 | 255.255.255.0 | 129.1.4.1 |

## 二、静态路由命令

在路由器上配置静态路由时,命令关键词为【ip route-static】,添加的静态路由记录应包含的信息为目的网段、子网掩码、下一跳 IP 地址。

这里要正确理解"下一跳",比如在 R1 路由器上添加到 net4 网段的路由,下一跳写的是 R2 路由器的 G0/0/0 接口地址,而不是 R1 路由器的 G0/0/0 接口地址,也不是 R3 路由器的 G0/0/1 接口地址,因此,完整的命令是"[R1]ip route-static 129.1.4.0 24 129.1.2.2"。

如果转发到目的网段要经过一条点到点链路,那么添加静态路由还有另一种格式,下一跳地址可以写成到目的网段本路由器上的出口。比如图 3-21 中 R1 路由器上添加 net4 网段的路由命令,还可以写为"[R1]ip route-static 129.1.4.0 24 G0/0/0"。G0/0/0 是指到目的网络的出口,即 R1 上对应的物理端口。

 提示

在路由器上添加路由时,如果是到某个网段(子网)的路由,必须确保 IP 地址的主机位全是 0;如果是到特定地址(主机)的路由,子网掩码要写成 4 个 255,这意味着 IP 地址的 32 位全是网络位。比如,以下写法是错误的:

[R1]ip route-static 129.1.3.2 24 129.1.2.2

Info:The destination address and mask of the configured static route mismatched,and the static route 129.1.3.0/24 was generated.

以上错误提示指出静态路由配置中的目的地址和掩码不匹配。因此,需要改成以下命令内容:

[R1]ip route-static 129.1.3.2 32 129.1.2.2

或者[R1]ip route-static 129.1.3.0 24 129.1.2.2

### 三、静态路由配置思路

在图 3-21 中,所有路由器要包括到所有网络的路由条目,需要完成以下配置过程:

➢ 配置路由器 R1、R2 和 R3 的接口地址;

➢ 在路由器 R1 上配置两条静态路由:分别到 129.1.3.0/24 网络和 129.1.4.0/24 网络的路由;

➢ 在路由器 R2 上配置两条静态路由:分别到 129.1.1.0/24 网络和 129.1.4.0/24 网络的路由;

➢ 在路由器 R3 上配置两条静态路由:分别到 129.1.1.0/24 网络和 129.1.2.0/24 网络的路由;

➢ 查看路由器 R1、R2 和 R3 的路由表;

➢ 验证主机 PC1、PC2 之间的互通性。

## 3.3.2 默认路由

### 一、默认路由含义

添加至路由表的 3 条路由分别如下:

［R1］ip route-static 172.0.0.0 255.0.0.0 10.0.0.2

［R1］ip route-static 172.16.0.0 255.255.0.0 10.0.1.2

［R1］ip route-static 172.16.10.0 255.255.255.0 10.0.3.2

从上面 3 条路由可以看出,子网掩码越短,主机位越多,该网段的地址空间就越大。如果想让一个网段包括全部的 IP 地址,就要求子网掩码短至全部为 0,即为 0.0.0.0,任何地址都属于此网段。0.0.0.0/0 网段包括全球所有的 IPv4 地址,也就是全球最大的网络。在路由器中添加到 0.0.0.0/0 网段的路由,就是默认路由。配置命令可以写为:

［R1］ip route-static 0.0.0.0 0.0.0.0 10.0.0.2

可以看出,默认路由是一种特殊的静态路由,任何一个目的地址都与默认路由相匹配,根据前面所讲的"最长前缀匹配"算法,可知默认路由用来指明当路由表中没有与数据包的目的地址相匹配的路由时,数据包应该如何转发。如果没有默认路由,那么目的地址在路由表中没有匹配记录的数据包将被丢弃。因此,默认路由的主要作用有两个:一是在路由表中找不到明确路由条目的所有数据包都将按照默认路由指定的接口和下一跳地址进行转发,二是网络末端路由器使用默认路由会大大简化路由表,提高路由器转发效率,减轻管理员工作负担,提高网络性能。

### 二、使用默认路由作为指向 Internet 的路由

在图 3-21 所示的校园网中,通过 3.3.1 节的静态路由配置可以实现 4 个网段之间的相互通信,如果要实现 4 个网段都能够访问 Internet,最好的办法就是使用默认路由。

如图 3-22 所示,路由器 R1 和 R3 是末端路由器,直连主机所在网段,到其他网络都

需要通过信息中心的路由器 R2,在这两个路由器中只需要添加一条默认路由即可。对于路由器 R2 来说,直连了三个网段,到 net1、net4 已经通过静态路由进行添加,到 Internet 的数据包都需要转发给路由器 R4,那么再添加一条默认路由即可。对于路由器 R4 来说,直连了 2 个网段,对于没有直连的校园网内网,需要单独添加路由,到 Internet 的访问只需要添加一条默认路由即可。

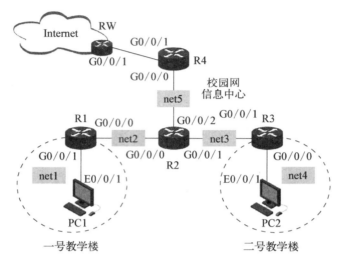

**图 3-22 默认路由配置的网络拓扑**

图 3-22 新增的网络编址见表 3-8 所示。

**表 3-8 新增的网络地址表**

| 设 备 | 接 口 | IP 地址 | 子网掩码 | 网 关 |
|-------|--------|---------|----------|-------|
| R2 | G0/0/2 | 129.1.5.1 | 255.255.255.0 | × |
| R4 | G0/0/0 | 129.1.5.2 | 255.255.255.0 | × |
| | G0/0/1 | 20.1.1.2 | 255.255.255.0 | × |
| RW | G0/0/1 | 20.1.1.1 | 255.255.255.0 | × |

根据图 3-22 拓扑和表 3-8,R4 上配置的静态路由应该为:

[R4]ip route-static 129.1.1.0 24 129.1.5.1

[R4]ip route-static 129.1.2.0 24 129.1.5.1

[R4]ip route-static 129.1.3.0 24 129.1.5.1

[R4]ip route-static 129.1.4.0 24 129.1.5.1

[R4]ip route-static 0.0.0.0 0 20.1.1.1

🔊 **提示**

在配置过程中,顺序是先配置默认路由,再删除原有的静态路由配置,这样的操作可以避免网络中出现通信中断,即要在配置过程中注意操作的规范性和合理性。

如果存在一个环状网络,要想让整个网络畅通,可以在每台路由器中添加一条默认路由以指向下一个路由器的地址。当所有的路由器都会使用默认路由将数据包转发到下一个路由器,数据包会在这个环状网络中一直顺时针转发,永远不能到目的网络。为防止出现这种情况,使用数据包网络层首部的一个字段来限制数据包的转发次数,即任务一中所述的"生存时间(TTL,time to live)",其最大值是 255,推荐值是 64。

### 3.3.3　静态路由汇总

**一、静态路由汇总概念**

通过对路由的学习,在图 3-22 所示的网络拓扑中,如果路由器 R4 要访问路由器 R2 下侧的 129.1.1.0/24 等目的网络,需要在路由器 R4 上配置 4 条静态路由以对应 129.1.1.0/24 的 4 个网段。如果路由器 R2 下侧有 100 个甚至更多的网段,就需要配置上百条静态路由,庞大的路由条目会让路由器 R2 的路由表变得非常复杂,大大降低路由器的工作效率。此时,需要使用静态路由汇总的方法来解决该问题,路由汇总能减小路由条目的数量,降低路由设备资源的消耗。

观察路由器 R4 上配置的命令,思考 R4 中的路由表是否可以进一步简化? 校园内网使用的网段可以合并到 129.1.0.0/21 网段中,因此,在路由器 R4 中,到内网网段的路由可以汇总成一条,如下所示:[R4]ip route-static 129.1.0.0 21 129.1.5.1。

路由汇总是一种重要的网络设计思想,在大中型网络中要使用路由汇总技术进行优化设计,除了静态路由汇总外,还有动态路由汇总,本项目不涉及动态路由汇总的配置。

**二、静态路由汇总计算与配置**

通过对任务一的学习,可变长子网掩码是一种在有类网络中通过子网掩码划分多个子网的技术,是无类编址方式的有效解决方案。而路由汇总的前提是 IP 子网及网络模型的设计科学合理,路由汇总的计算是通过对子网掩码的操作进行的,可以把一些连续的多个小子网路由汇总成一条大网络的路由,也被称为子网聚合(地址聚合)。

🔊 提示

> 路由汇总要求汇总的网络必须是连续的。有这样一个规律:两个连续的子网进行汇总,子网掩码会减少一位;四个连续的子网进行汇总,子网掩码会减少两位,即 $2^n$ 个连续的子网进行汇总,子网掩码会减少 $n$ 位。

路由汇总的基本思想就是利用连续多个子网/网段的网络地址中相同的部分保留作为新网络位,不同的部分作为新主机位,可以得到汇总后新的子网掩码和地址范围。下面通过具体的例子进行介绍。

第一个例子,把 192.168.0.0/19、192.168.32.0/19、192.168.64.0/19 和 192.168.96.0/19 四个连续的子网进行路由汇总。首先,把这四个连续子网的网络地址用二进制形式表示如下:

```
11000000 . 10101000 . 00000000 . 00000000
11000000 . 10101000 . 00100000 . 00000000
11000000 . 10101000 . 01000000 . 00000000
11000000 . 10101000 . 01100000 . 00000000
```

从以上可以看出，四个子网的网络地址中相同的部分就是虚线前面的部分，即11000000.10101000.0,把这些位全部置1,得到汇总后新网络的子网掩码:255.255.128.0。

第二个例子，某个 ISP 共有 64 个 C 类网络。如果不采用路由汇总技术,则在与该 ISP 的路由器交换路由信息的每一个路由器的路由表中,就需要有 64 个项目。但采用路由汇总后,只需用 1 个项目 206.0.64.0/18 就能找到该 ISP。同理,这个大学共有 4 个院,在 ISP 内的路由器的路由表中,也只需使用 206.0.68.0/22 这一个项目。

从图 3-23 所示的二进制地址可看出,把四个院的路由汇总为大学的一个路由,会将网络前缀缩短。网络前缀越短,其地址块所包含的地址数就越多。

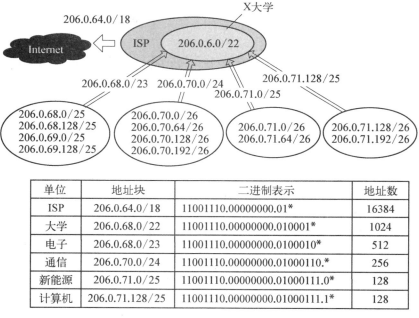

| 单位 | 地址块 | 二进制表示 | 地址数 |
|------|--------|-----------|--------|
| ISP | 206.0.64.0/18 | 11001110.00000000.01* | 16384 |
| 大学 | 206.0.68.0/22 | 11001110.00000000.010001* | 1024 |
| 电子 | 206.0.68.0/23 | 11001110.00000000.0100010* | 512 |
| 通信 | 206.0.70.0/24 | 11001110.00000000.01000110.* | 256 |
| 新能源 | 206.0.71.0/25 | 11001110.00000000.01000111.0* | 128 |
| 计算机 | 206.0.71.128/25 | 11001110.00000000.01000111.1* | 128 |

图 3-23 路由汇总示例

### 3.3.4 浮动静态路由及负载均衡

#### 一、浮动静态路由

浮动静态路由是一种特殊的静态路由,通过配置去往相同的目的网段但优先级不同的静态路由,以保证在网络中优先级较高的路由即主路由工作。一旦主路由失效,备份路由会接替主路由,增强网络的可靠性。一般情况下,备份路由不会出现在路由表中。

## 二、负载均衡

当数据有多条可选路径前往同一目的网络时,负载均衡可以通过配置相同优先级和开销的静态路由实现负载均衡,使得数据的传输均衡地分配到多条路径上,从而实现数据分流、减轻单条路径负载过重的效果。而当其中某一条路径失效时,其他路径仍然能够正常传输数据,也起到了冗余作用。只有在负载均衡的条件下,路由器才会同时显示两条去往同一目的网络的路由条目。

命令格式是在静态路由命令后面加上关键词【preference】,比如路由器 R2 前往目的网络 10.1.1.0/24 的路由有两条,如果优先选择下一跳为 20.1.1.2 的路径,可以分别配置为:

[R2]ip route-static 10.1.1.0 24 20.1.1.2

[R2]ip route-static 10.1.1.0 24 30.1.1.1 preference 100

这时会优先选择上述命令中的第一条,即通过 20.1.1.2 的静态路由。如果要达到负载均衡的效果,可以配置为:

[R2]ip route-static 10.1.1.0 24 20.1.1.2

[R2]ip route-static 10.1.1.0 24 30.1.1.1 preference 60

由于静态路由默认优先级为 60,这样两条静态路由的优先级相同,会在路由表里同时出现两条路由,而数据包也会在两条路径中均衡选路。

### 思考

在配置负载均衡的路由器上执行【ip routing-table】和【ip routing-table protocol static】命令,比较静态路由结果。

### 静态路由配置

根据图 3-21 所示拓扑搭建网络环境,设置网络中的计算机和路由器接口的 IP 地址、子网掩码,PC1 和 PC2 都要设置网关。可以看到,只需添加 3 个路由器的路由,即可实现 4 个网段间的畅通。

根据之前所述,只要给路由器接口配置了 IP 地址和子网掩码,路由器的路由表就有了到直连网段的路由,在添加静态路由之前先查看路由器的路由表。

1. 查看直连网段的路由

```
[R1]display ip routing-table
Route Flags: R - relay, D - download to fib
------------------------------------------------------------------------
Routing Tables: Public
```

```
        Destinations : 10        Routes : 10
Destination /Mask    Proto  Pre  Cost Flags  NextHop      Interface
   127.0.0.0 /8      Direct  0    0    D      127.0.0.1    InLoopBack0
   127.0.0.1 /32     Direct  0    0    D      127.0.0.1    InLoopBack0
127.255.255.255 /32  Direct  0    0    D      127.0.0.1    InLoopBack0
   129.1.2.0 /24     Direct  0    0    D      129.1.2.1    GigabitEthernet0/ 0/ 0
   129.1.2.1 /32     Direct  0    0    D      127.0.0.1    GigabitEthernet0 /0 /0
   129.1.2.255 /32   Direct  0    0    D      127.0.0.1    GigabitEthernet0 /0 /0
   129.1.1.0 /24     Direct  0    0    D      129.1.1.1    GigabitEthernet0/ 0/ 1
   129.1.1.1 /32     Direct  0    0    D      127.0.0.1    GigabitEthernet0 /0 /1
   129.1.1.255 /32   Direct  0    0    D      127.0.0.1    GigabitEthernet0 /0 /1
255.255.255.255 /32  Direct  0    0    D      127.0.0.1    InLoopBack0
```

可以看到路由表中已经有了到两个直连网段的路由条目,分别通过两个不同的接口。

2. 添加静态路由

```
/ * 在路由器 R1 上添加到了 129.1.3.0 /24、129.1.4.0 /24 网段的路由 * /
[R1]ip route-static 129.1.3.0 24 129.1.2.2
[R1]ip route-static 129.1.4.0 24 129.1.2.2
[R1]display ip routing-table protocol static
Route Flags: R - relay, D - download to fib
----------------------------------------------------------------------
Public routing table : Static
        Destinations : 2        Routes : 2        Configured Routes : 2
Static routing table status : < Active >
        Destinations : 2        Routes : 2
Destination /Mask    Proto   Pre  Cost Flags  NextHop      Interface
   129.1.3.0 /24     Static   60   0    RD     129.1.2.2    GigabitEthernet0 /0 /0
   129.1.4.0 /24     Static   60   0    RD     129.1.2.2    GigabitEthernet0 /0 /0
Static routing table status : < Inactive >
        Destinations : 0        Routes : 0
```

R 和 D 是路由标记(Flags),R 说明是迭代路由,D 是路由下发到 FIB 表;Pre 是优先级,静态路由的默认优先级是 60;Cost 是开销,静态路由的默认开销是 0。

```
/ * 在路由器 R2、R3 上添加静态路由 * /
[R2]ip route-static 129.1.1.0 24 129.1.2.1
[R2]ip route-static 129.1.4.0 24 129.1.3.2
[R3]ip route-static 129.1.1.0 24 129.1.3.1
[R3]ip route-static 129.1.2.0 24 129.1.3.1
/ * 在路由器 R1、R2、R3 上查询静态路由 * /
[R1]display ip routing-table protocol static
```

数据包通信测试是双向的,在测试连通性之前,要将沿途经过的所有路由器都配置完整。

3. 测试网络的畅通性

```
/* PC1 测试到 PC2 的网络是否畅通 */
PC1 > ping 129.1.4.10
/* 跟踪数据包的路径 */
PC1 > tracert 129.1.4.10
```

4. 删除静态路由

```
/* 在路由器 R2 上删除到 129.1.1.0 /24 网络的路由 */
[R2]undo ip route-static 129.1.1.0 24
```

5. 添加默认路由

```
/* 在路由器 R2、R4 上添加默认路由 */
[R2]ip route-static 0.0.0.0 0 129.1.5.2
[R4]ip route-static 0.0.0.0 0 20.1.1.1
/* 在路由器 R2、R4 上查询默认路由 */
[R2]display ip routing - table protocol static
/* 再测试 PC1 与 RW */
PC1 > ping 20.1.1.1
```

 课前准备

文本:课前任务单

| 课前学习任务单(建议 1 小时) | |
|---|---|
| 学习目标 | —了解静态路由的特点<br>—了解默认路由的作用<br>—熟悉静态路由的配置命令和流程<br>—了解路由汇总的功能 |
| 任务内容 | —知识学习:静态路由的配置原理<br>—范例学习:简单网络的静态路由、默认路由配置命令<br>—完成考核任务 |
| 范例学习 | —网络搭建<br>—设备参数配置<br>—设备信息查询<br>—连通测试<br>—记录结果 |
| 课前任务考核 | —考核方式:线上【讨论区】<br>—考核要求Ⅰ:配置操作截图 3~4 幅<br>—考核要求Ⅱ:在讨论区发言 1 条,为提问、总结或配置体会等 |

## 1. 基础训练（难度、任务量小）

文本：基础任务单

| 基础任务单 | | | | |
|---|---|---|---|---|
| 任务名称 | 路由器上配置静态路由、默认路由 | | | |
| 涉及领域 | 静态路由 | | | |
| 任务描述 | —多网络的静态路由配置<br>—多网络的默认路由配置<br>—主机 IP 配置 | | —查看静态路由、直连路由信息<br>—完成路由汇总<br>—测试网络的连通性 | |
| 工程人员 | | 项目组 | | 工号 | |
| 操作须知 | —设备摆放、连线规范。<br>—设备配置要保存。<br>—拓扑文件要保存。<br>—修改设备和主机名称。 | | | |
| 任务内容 | —搭建如图 3-24 所示网络，填写表 3-9 的 IP 参数，本任务所选设备为 4 台路由器 AR2220、3 台交换机 S3700、3 台 PC。PC1 为 A 校区行政楼办公室电脑，PC2 为 A 校区信息通信学院办公室电脑、PC3 为 B 校区机械工程学院办公室电脑。请正确配置静态路由和默认路由，使 PC 间互通，并且路由表中的路由条目最少。<br><br><br><br>**图 3-24　基础任务单网络拓扑**<br><br>—路由器 R1、R2、R3 配置：<br>　■ 更改设备名称。<br>　■ 配置静态路由，使 net1、net2、net3、net4 之间互通。<br>　■ 配置默认路由，使目的网络为非 net1～net3 的数据包从 R3 转发出去。<br>　■ 使用路由汇总技术，减少 R1、R2 的静态路由条目。 | | | |

| | |
|---|---|
| | —路由器 R4 配置:<br>　■ 更改设备名称。<br>　■ 配置默认路由,使目的网络为非 A 校区的数据包从 R4 转发出去。<br>　■ 使用路由汇总技术,减少 R4 的静态路由条目。<br>—查看路由配置结果:<br>　■ 查看路由器的路由表。<br>　■ 查看路由表中的静态路由信息。<br>—验证测试:<br>　■ 使用 ping 命令测试主机 PC1、PC2 和 PC3 之间的连通性。 |
| 网络编址 | —根据网络拓扑图 3-24 设计网络设备的 IP 编址,填写表 3-9 所示地址表,根据需要填写,不需要的填写"×"。<br><br>表 3-9　设备配置地址表<br><br>设备配置地址表 |
| 验收结果 | —网络搭建情况、参数设计。<br>—查看路由器的路由表信息并记录。<br>—测试主机之间的连通性。 |

表 3-9　设备配置地址表

| 设备 | 接口 | IP 地址 | 子网掩码 | 网关 |
|---|---|---|---|---|
| PC1 | | | | |
| PC2 | | | | |
| PC3 | | | | |
| R1 | | | | |
| | | | | |
| R2 | | | | |
| | | | | |
| R3 | | | | |
| | | | | |
| R4 | | | | |
| | | | | |

## 2. 进阶训练(难度、任务量大)

文本:进阶任务单

| 进阶任务单 | |
|---|---|
| 任务名称 | 路由器上配置静态路由、默认路由 |
| 涉及领域 | 静态路由 |

| 任务描述 | —多网络的静态路由配置 | —查看静态路由、直连路由信息 | | | |
| --- | --- | --- | --- | --- | --- |
| | —多网络的默认路由配置 | —完成路由汇总 | | | |
| | —浮动静态路由及负载均衡配置 | —测试网络的连通性 | | | |
| 工程人员 | | 项目组 | | 工号 | |
| 操作须知 | —设备摆放、连线规范。 | | | | |
| | —设备配置要保存。 | | | | |
| | —拓扑文件要保存。 | | | | |
| | —修改设备和主机名称。 | | | | |

| 任务内容 | —搭建如图 3-25 所示网络,填写表 3-10 的 IP 参数,本任务所选设备为 4 台路由器 AR2220、3 台 PC。PC1 为 A 校区行政楼办公室电脑,PC2 为 A 校区信息通信学院办公室电脑、PC3 为 B 校区机械工程学院办公室电脑。请正确配置静态路由、默认路由和负载均衡,使 PC 间互通,并且路由表中的路由条目最少。 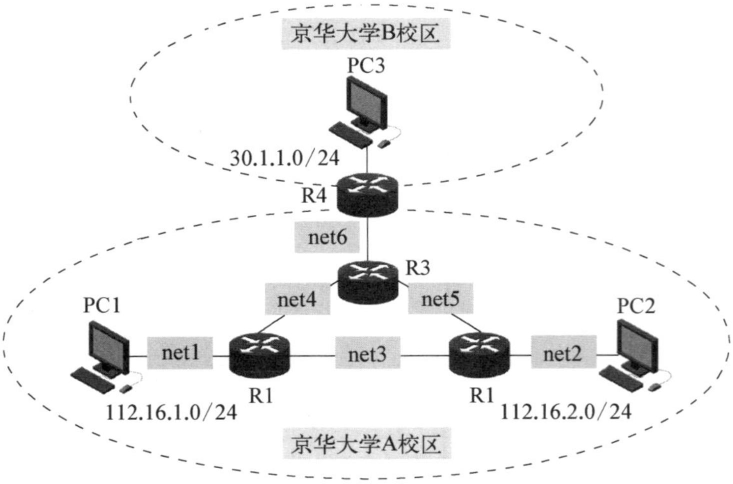 |
| --- | --- |

图 3-25　进阶任务单网络拓扑

—路由器 R1、R2、R3 配置:
- 更改设备名称。
- 配置静态路由,使 net1~net6 之间互通。
- 配置默认路由,使目的网络为非 net1~net5 的数据包从 R3 转发出去。

—路由器 R1、R2 配置:
- 配置浮动静态路由及负载均衡,实现路由备份。
- 使用路由汇总技术,减少 R1、R2 的静态路由条目。

—路由器 R4 配置:
- 更改设备名称。
- 配置默认路由,使目的网络为非 A 校区的数据包从 R4 转发出去。
- 使用路由汇总技术,减少 R4 的静态路由条目。

—查看路由配置结果:
- 查看路由器的路由表。
- 查看路由表中的静态路由信息。

—验证测试:
- 使用 ping 命令测试主机 PC1、PC2 和 PC3 之间的连通性。

| 网络编址 | —根据网络拓扑图 3-25 设计网络设备的 IP 编址,填写表 3-10 所示地址表,根据需要填写,不需要的填写"×"。 |

表 3-10 设备配置地址表

| 设备 | 接口 | IP 地址 | 子网掩码 | 网关 |
|------|------|---------|----------|------|
| PC1 | | | | |
| PC2 | | | | |
| PC3 | | | | |
| R1 | | | | |
| | | | | |
| | | | | |
| R2 | | | | |
| | | | | |
| | | | | |
| R3 | | | | |
| | | | | |
| | | | | |
| R4 | | | | |

| 验收结果 | —网络搭建情况、参数设计。<br>—查看路由器的路由表信息并记录。<br>—测试主机之间的连通性。 |

# 3.4 动态路由 OSPF

需求分析

随着招生规模增大和校园扩建,京华大学的校区分布在三个城市,网络规模也随之扩大,静态路由不但让管理员难以全面地了解整个网络的拓扑结构,而且大范围调整路由信息的难度大、复杂度高。动态路由 OSPF 协议的工作方式与静态路由存在本质的不同,路由器会通过启用 OSPF 协议的接口来寻找同样运行该协议的路由器,实现路由信息的自动学习,避免了手动调整路由信息的问题。本节任务要求:每个校区放置一台出口路由器,为了使整个学校互相通信,需要在所有路由器上部署动态路由协议。考虑到学校未来的规划,适应不断扩展的网络需求,学校在所有路由器上部署 OSPF 协议。

微课:OSPF
协议工作原理

### 3.4.1　OSPF 协议的基本概念

OSPF 协议是开放式最短路径优先协议,是国际组织 IETF 开发的一个基于链路状态(Link-State)的自治系统内部路由协议(IGP),用于在单一自治系统(AS)内决策路由。OSPF 协议通过路由器相互通告链路的状态来建立链路状态数据库,网络中的所有路由器具有相同的链路状态数据库,据此获得全网的拓扑结构,比如路由器谁和谁相连、连接的网段、连接开销等内容。运行 OSPF 协议的路由器通过网络拓扑计算到各个网段的最短路径,路由器以此构造各自路由表。

OSPF 协议具备以下优点:(1) 最佳路径是基于带宽来选择的;(2) 能够快速收敛;(3) 无自环路由;(4) 更好地支持 VLSM 和 CIDR;(5) 区域化管理减少占用带宽;(6) 支持等值路由和路由分级;(7) 支持组播发送协议报文。

#### 一、Router ID

OSPF 协议使用一个被称为 Router ID 的 32 位无符号整数来唯一标识一台路由器。基于这个目的,每一台运行 OSPF 的路由器都需要一个 Router ID。这个 Router ID 需要手工配置,一般将其配置为该路由器的某个接口的 IP 地址。由于 IP 地址是唯一的,所以这样就很容易保证 Router ID 的唯一性。在没有手工配置 Router ID 的情况下,一些厂家的路由器支持自动从当前所有接口的 IP 地址自动选举一个 IP 地址作为 Router ID。

 提示

Loopback 接口叫回环口,是一个虚拟的接口,如果路由器不关机,即使物理接口全关闭了,Loopback 接口还是会存在的,一般 Loopback 接口是用来检测和管理路由器用的,同时也可以用它来模拟主机等,因为它在正常的情况下非常稳定。

Router ID 在 OSPF 中起到了一个表明身份的作用,不同的 Router ID 表明了在一个 OSPF 进程中不同路由器的身份。如果不手工指定的话,一般会默认用 Loopback 接口来作为 Router ID,如果 Loopback 接口没有配置地址,就选择物理接口上最大的 IP 地址作为 Router ID。

#### 二、开销(Cost)

OSPF 协议选择最佳路径的标准是带宽,带宽越高,计算出来的开销越低。到达目标网络的各条链路中累计开销最低的,就是最佳路径。例如,一个带宽为 10 Mbit/s 的接口,用 100 M 除以该带宽,结果为 10,OSPF 认为该接口的度量值为 10;带宽为 100 Mbit/s,开销值为 1,因为开销值必须为整数,所以即使是一个 1 Gbit/s 的接口,开销值也是 1。如果 OSPF 路由器到目的网络要经过多个接口,需要将沿途所有接口的开销值累加起来。

在累加时,只计算出接口,不计算进接口。

### 三、区域化结构

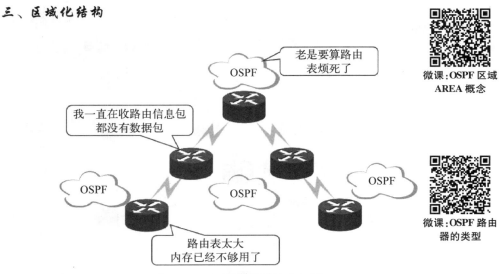

微课:OSPF 区域
AREA 概念

微课:OSPF 路由
器的类型

图 3-26　巨型网络的路由问题

随着网络规模日益扩大,网络中的路由器数量不断增加。当一个巨型网络中的路由器都运行 OSPF 路由协议时,就会遇到如下问题:(1)路由器数量的增多会导致每台路由器的链路状态数据库非常庞大,这会占用大量的存储空间。(2)数据库的庞大会增加运行算法的复杂度,导致 CPU 负担很重。(3)由于数据库很大,两个路由器的同步时间会很长。(4)网络规模增大之后,拓扑结构发生变化的概率也增大,网络会经常处于"动荡"之中,为了同步这种变化,网络中会有大量的 OSPF 协议报文在传递,降低了网络的带宽利用率。更糟糕的是:每一次变化都会导致网络中所有的路由器重新进行路由计算。

因此,一个 OSPF 的单一自治系统(AS)要被划分成多个区域(Area)。如果一个 OSPF 网络只包含一个区域,则这样的网络被称为单区域 OSPF 网络;如果一个 OSPF 网络包含了多个区域,则这样的网络被称为多区域 OSPF 网络。

在一个 AS 中,每个区域都有一个编号,称为 Area-ID。Area-ID 是一个 32 bit 的二进制数,但通常也用十进制数来表示。Area-ID 为 0 的区域称为骨干区域,否则称为非骨干区域。单区域 OSPF 网络只包含一个区域,这个区域必须是骨干区域。多区域 OSPF 网络中,除了一个骨干区域外,还有若干非骨干区域,并且每一个非骨干区域都需要与骨干区域直接相连(或虚连接技术),但非骨干区域之间是不允许直接相连的,也就是说非骨干区域间的通信必须通过骨干区域中转。

如图 3-27 所示,京华大学互联 A、B、C 三个校区的 OSPF 网络总共包含了 4 个区域,其中 Area 0 是骨干区域,即主干网。对于在 Area 边界的路由器,比如路由器 R1、R9、R10。R9 上面的接口是属于 Area 2,下面的接口是属于 Area 0;R10 上面的两个接口是属于 Area 3,下面的接口是属于 Area 0;R1 上面的接口是属于 Area 0,下面的三个接口是属于 Area 1。下面介绍 OSPF 网络中的几种路由器类型:

① 内部路由器:指一台路由器的所有接口都属于同一个区域,在图 3-27 的 OSPF

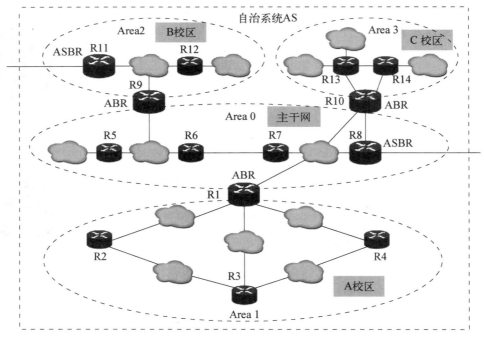

**图 3 - 27   OSPF 的区域化结构**

网络中,Area 0 的内部路由器是 R5、R6、R7、R8,Area 1 的内部路由器是 R2、R3、R4,Area 2 的内部路由器是 R11 和 R12,Area 3 的内部路由器是 R13 和 R14。

②骨干路由器:指一台路由器包含有属于 Area 0 的接口,图 3 - 27 中一共有 7 个骨干路由器,分别是 R5、R6、R7、R8、R1、R9、R10。

③ABR(区域边界路由器):指一台路由器的某些接口属于 Area 0,其他接口属于别的区域。图 3 - 27 的 OSPF 网络一共有 3 个 ABR,分别是 R1、R9、R10。

④ASBR(自治系统边界路由器):指一台路由器是与本自治系统 AS 之外的网络相连的,并且可以将外部网络的路由信息引入进本自治系统。图 3 - 27 的 OSPF 网络一共有 2 个 ABR,分别是 R8 和 R11。

### 四、支持的网络类型

OSPF 协议支持的网络类型是指 OSPF 能够支持的二层网络类型,根据数据链路层协议可将网络分为以下 4 种类型:

①广播(Broadcast)类型:当链路层协议是 Ethernet 或 FDDI 时,OSPF 协议默认的网络类型是广播类型,通常以组播形式发送协议报文。

②NBMA(Non-Broadcast Multi-Access)网络:链路层协议是帧中继、ATM 或 X.25 时,默认的网络类型是 NBMA,以单播形式发送协议报文。

③点对点(P2P)网络:链路层协议是 PPP 或 HDLC 时,默认的网络类型是 P2P,以组播形式发送协议报文。

④点对多点(P2MP)网络:多是将 NBMA 改为点到多点的网络。

提示

OSPF 路由器的某个接口类型,是与该接口直接相连的二层网络的类型一致的。比如,OSPF 路由器的某个接口如果连接的是一个广播网络,那么该接口的接口类型就是广播型的;OSPF 路由器的某个接口如果连接的是一个 P2P 网络,那么该接口的接口类型就是 P2P 型的。

### 五、指定路由器(DR)和备份指定路由器(BDR)

微课:DR、
BDR 原理

在广播网络和 NBMA 类型网络中,OSPF 协议定义了指定路由器(DR),即所有其他路由器都只将各自的链路状态信息发送给 DR,再由 DR 以组播方式发送至所有路由器,大大减少了 OSPF 数据包的发送。

但是如果 DR 由于某种故障而失效,此时网络中必须重新选举 DR,并同步链路状态信息,这需要较长时间。为了缩短这个这个过程,OSPF 协议又定义了备份指定路由器(BDR)的概念,作为 DR 路由器的备份,当 DR 路由器失效时,BDR 成为 DR,并再选择新的 BDR 路由器。其他不是 DR 和 BDR 的路由器统称为 DR other 路由器。

每一个含有至少两个路由器的广播网络或 NBMA 类型网络都会选举一个 DR 和 BDR。选举规则是:

① 首先比较 DR 优先级(Router Priority),优先级高者成为 DR,次高的成为 BDR。

② 如果优先级相等,则 Router ID 数值高的成为 DR,次高的成为 BDR。

③ 如果 DR 的优先级为 0,则不参与选举。

④ BDR 的选举与 DR 的选举规则完全一样,BDR 的选举发生在 DR 的选举之后,在同一个网络中,DR 和 BDR 不能是同一台路由器。

 提示

DR 是在某个广播域或者 NBMA 网段内进行选举的,是针对路由器的接口而言的。某台路由器在一个接口上可能是 DR,在另一个接口上有可能是 BDR,或者是 DR other。

若 DR、BDR 已经选举完毕,人为修改任何一台路由器的 DR 优先级值为最大,也不会抢占成为新的 DR 或 BDR,即 OSPF 协议的 DR/BDR 选举是非抢占性的。

### 六、链路状态与 LSA

OSPF 是一种基于链路状态的路由协议,所谓链路状态指的就是路由器的接口状态,主要包含了该接口下面的一些信息:(1) IP 地址及掩码;(2) 所属区域的 Area - ID;(3) 所属的路由器的 Router ID;(4) 类型(该接口所连的二层网络的类型);(5) 开销(接口带宽);(6) 所属的路由器的优先级(用来选举 DR 和 BDR);(7) 所连的二层网络中的 DR;(8) 所连的二层网络中的 BDR 等等。

链路状态路由协议的核心思想:每台路由器都将自己的各个接口的状态共享给其他

路由器,据此每台路由器就可以计算出前往各个目的地的最佳路由。所谓 LSA 是链路状态通告(Link-State Advertisement),是链路状态信息的主要载体,通过洪泛来实现共享。LSA 有十几种类型,比如 Type-1 LSA、Type-2 LSA、Type-3 LSA 等等。不同类型的 LSA 中所包含的链路状态的内容是不同的,功能、作用和洪泛范围也不同,不同类型的路由器能够产生的 LSA 类型也是不同的。

微课:OSPF
状态机解析

### 3.4.2　OSPF 的几种报文

　　OSPF 的协议报文是封装到 IP 报文中,IP 报文头部的协议字段的值为 89。OSPF 的报文类型一共有五种,分别是问候(Hello)报文、DD(数据库描述)报文、LSR(链路状态请求)报文、LSU(链路状态更新)报文、LSAck(链路状态确认)报文,对其中的 Hello 报文和 LSU 报文进行简单讨论:

　　① Hello 报文:用于发现并建立邻接关系,是最常用的一种报文,周期性地发送给本路由器的邻居。内容包括一些定时器的数值、DR、BDR 以及自己已知邻居等信息,如图 3-28 所示,具体包含有本接口的 Router ID、Hello/dead Intervals(发送/结束的间隔时间)、邻居路由器、Area-ID、Router Priority(路由器优先级)、DR 的 IP 地址、BDR 的 IP 地址、密钥、认证类型等信息,其中 HelloInterval、Area-ID、密钥、认证类型必须一致,相邻路由器才能建立邻接关系。

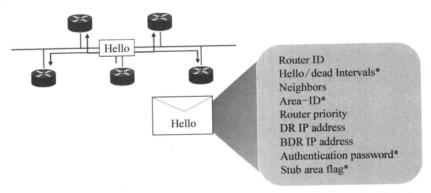

**图 3-28　OSPF 协议的 Hello 报文(＊表示邻接关系的路由器必须一致的内容)**

　　② LSU 报文:各种不同类型的 LSA 只是包含在 LSU 报文中,用来向对端路由器发送所需要的 LSA,内容是多条 LSA(全部内容)的集合。

### 3.4.3　OSPF 协议的工作过程

　　OSPF 协议运行以后,路由器会经过三个工作阶段,分别为 OSPF 邻接关系的建立过程、链路状态数据库的同步过程和路由计算过程,如图 3-29 所示。下面依次分析路由器的变化过程,从而说明 OSPF 协议的工作过程。

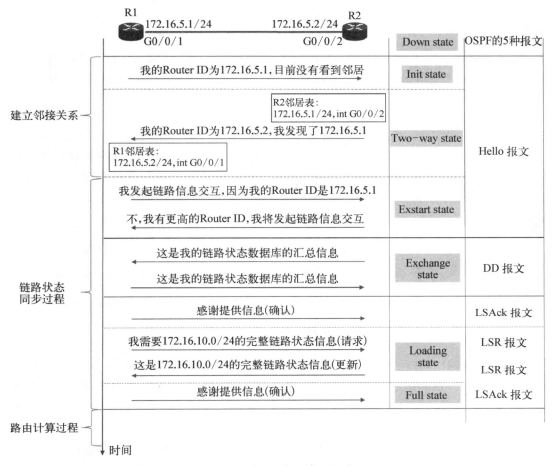

图 3-29 OSPF 协议的工作过程

## 一、OSPF 邻接关系的建立过程

当运行 OSPF 协议的路由器刚启动时,相邻路由器之间的 Hello 报文交换是最先开始的,建立过程的几个状态如下:

1. Down state 状态

R1 刚启动时向运行 OSPF 进程的接口发送 Hello 报文,用多播地址 224.0.0.5 发送的。

2. Init state 状态

与 R1 直连、运行 OSPF 协议的路由器 R2 收到 R1 的 Hello 报文后,把 R1 的 Router ID 添加到自己的邻居列表中。

3. Two-way state 状态

R2 接着向 R1 发送单播、回应的 Hello 报文,报文中的邻居字段包含所有已知的 Router ID,当然也包括 R1 的 Router ID。

当 R1 收到 Hello 报文后,将 R2 添加到自己的邻居表中。Two-way state 状态表示

R1 和 R2 在各自邻居表中包含彼此的 Router ID 记录,建立起了双向的通信。

 **提示**

如果网络类型是广播网络,比如以太网,那么就需要选举 DR 和 BDR。DR 将与网络中所有路由器之间建立双向的邻接关系。这个过程必须在路由器能够开始交换链路状态信息之前发生。

路由器周期性地交换 Hello 报文,广播网络是默认每隔 10 秒就发送一次,更新用的 Hello 报文中包含 DR、BDR 以及邻接关系路由器的信息。若超过 40 秒没有收到某个相邻路由器发来的问候报文,则可认为该相邻路由器是不可达的,应立即修改链路状态数据库,并重新计算路由表。

 **提示**

如果路由器 A 的某个接口和路由器 B 的某个接口位于同一个二层网络中,则我们说 A 和 B 存在"相邻"关系,但"相邻"关系不等于"邻居"(Neighbor)关系,更不等于"邻接"(Adjacency)关系。

### 二、链路状态数据库的同步过程

用来发现网络路由的这个过程被称为同步过程,使路由器进入到通信的"完全状态(Full state)",一旦邻接的路由器们处于"完全状态"时,不会重复执行同步,除非"完全状态"发生变化,运行过程如下:

1. Exstart state 状态

DR、BDR 与网络中其他的路由器建立邻接关系。在这个过程中,各路由器与它邻接的 DR、BDR 之间建立一个主从关系,Router ID 值高的路由器 R2 成为主路由器。

2. Exchange state 状态

主从路由器间交换一个或多个数据库描述(DD)报文。DD 报文包括路由器的链路状态数据库 LSA 条目的头部信息,LSA 条目可以是关于一条链路或是关于一个网络的信息。每一个 LSA 条目的头包括链路类型、通告该信息的路由器地址、链路的开销以及 LSA 的序列号等信息,LSA 序列号被路由器用来识别所接收到的链路状态信息的新旧程度。

当路由器 R1 接收到 DD 报文后,要通过链路状态确认(LSAck)报文对该序列号的 DD 回应,确认已经收到了该报文。

3. Loading state 状态

路由器 R1 通过检查收到的 DD 中 LSA 的头部序列号,发现有更新的链路状态条目,那么 R1 将向路由器 R2 发送链路状态请求(LSR)报文。R2 将使用链路状态更新(LSU)报文回应请求,包含所请求条目的完整信息。收到 LSU 的 R1 将再一次发送 LSAck 报文回应。

4. Full state 状态

路由器添加新的链路状态条目到它的链路状态数据库中。当给定路由器的所有 LSR

都得到了满意的答复时,邻接的路由器就被认为达到了同步并进入"完全状态"。路由器在能够转发数据流之前,必须达到"完全状态"。

### 三、路由计算过程

OSPF 协议计算出路由主要有以下三个主要步骤:
① 描述本路由器周边的网络拓扑结构,并生成 LSA。
② 将自己生成的 LSA 在自治系统中传播,同时收集所有的其他路由器生成的 LSA。
③ 根据收集的所有的 LSA 计算路由。

默认情况下,OSPF 的 Cost 值是用 10 的 8 次方除以链路带宽,累加所得。

## 3.4.4　单区域 OSPF 网络

图 3-30 显示的是一个单区域 OSPF 网络,整个网络只有 Area 0,该 Area 0 也是整个自治系统 AS。在这个 OSPF 网络示例中,没有 ABR,也没有 ASBR。下面以此例简要描述一下单区域 OSPF 网络的工作过程。

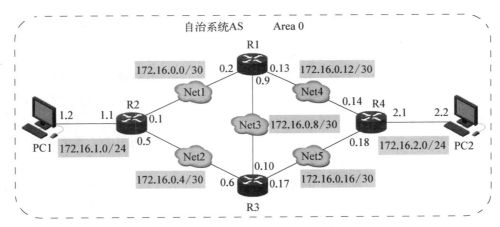

图 3-30　单区域 OSPF 网络示例

### 一、链路状态数据库

在图 3-30 中,每台路由器都会产生 Type-1 LSA,并向整个 Area 0 洪泛。同时,具有 DR 角色的路由器还会产生 Type-2 LSA,并向整个 Area 0 洪泛。根据之前所学内容,Area 0 中就只存在这两种类型的 LSA,不会有其他类型的 LSA 存在。

每台路由器将所有接收到的 LSA 以及自己产生的 LSA 集中到一起,便得到了一个数据库,被称为 LSDB(链路状态数据库)。以洪泛方式进行通告会使不同路由器上的 LSDB 完全一样,而且包含的信息有 Area 0 中共有多少个路由器,每台路由器有多少个接口,每个接口的类型和开销,路由器之间是怎样连接的,等等。LSDB 就是一张描述 Area 0 的详细完整地图。

### 二、最短路径树

区域内各个路由器可以从 LSDB 中得出从自己的位置去往各个目的网络的路线。因为环路的存在，路由器可以通过不同路径前往目的网络。在这种情况下，根据路径开销值，路由器从不同的路径中选择出最优（即开销最小）的路径，这个过程就是最短路径树（SPT）的生成过程。

每台路由器都对 LSDB 运行最短路径优先（SPF）算法，从而生成属于自己的 SPT，SPT 是不会形成环路的，其树根就是本路由器，从树根出发沿树干去往任一目的地时，所经过的路径一定就是最优路径。

### 3.4.5 多区域 OSPF 网络

微课：OSPF 多区域路由配置

OSPF 能够作用于规模很大的网络，如图 3 - 27 所示，此时就需要进行多区域划分，将一个自治系统再划分为更多的区域。当然一个区域也不能太大，一个区域内的路由器建议不要超过 200 个。

在多区域 OSPF 网络中，由于 ABR 和 ASBR 的存在，整个 OSPF 网络中除了有 Type - 1 和 Type - 2 LSA 之外，还有 Type - 3、Type - 4、Type - 5 等类型的 LSA。如果一台路由器的 LSDB 包括多种类型的 LSA，那么计算路由的方式有以下几种：

① 生成本区域内路由：根据 Type - 1 LSA 和 Type - 2 LSA，路由器可以利用 SPF 算法得到自己的、在本 Area 内部的 SPT，并根据 SPT 计算出到本 Area 内各个目的网络的路由，此方式与单区域 OSPF 网络的工作过程一致。

② 生成其他区域的路由：根据 Type - 3 LSA，路由器可以利用 DV 算法计算出到其他 Area 的各个目的网络的路由。

③ 生成本自治系统以外的路由：根据 Type - 4 LSA 和 Type - 5 LSA，路由器可以利用 DV 算法计算出到其他自治系统的各个目的网络的路由。

**？ 思考**

可以看到，多区域 OSPF 网络的工作过程比单区域 OSPF 网络复杂得多。因此，这里需要思考一个问题，即对于一个 OSPF 网络，什么情况下采用单区域结构？什么情况下采用多区域结构？

**操作练习**

根据图 3 - 30 所示的网络拓扑，网络中的路由器和主机按照图中的拓扑连接并配置接口 IP 地址。首先进行相应的 IP 参数配置，确保直连的路由器能够相互 ping 通；再使用 OSPF 协议构造路由表，将所有路由器配置在一个区域即主干区域，区域编号是 0.0.0.0，可以写成 0。

1. 在每台路由器上使能 OSPF 进程

```
/*配置 R1*/
<R1>system-view
[R1]ospf 1 router-id 11.1.1.1
[R1-ospf-1]
/*配置 R2*/
<R2>system-view
[R2]ospf 1 router-id 22.2.2.2
[R2-ospf-1]
/*配置 R3*/
<R3>system-view
[R3]ospf 1 router-id 33.3.3.3
[R3-ospf-1]
/*配置 R4*/
<R4>system-view
[R4]ospf 1 router-id 44.4.4.4
[R4-ospf-1]
```

　　router-id 是一个 32 比特的二进制数,用点分十进制表示,如果不指定 router-id,则路由器会根据某种规则自动生成一个值作为 router-id。

2. 指定各路由器接口的所属区域

```
/*配置 R1*/
[R1-ospf-1]area 0
[R1-ospf-1-area-0.0.0.0]network 172.16.0.0 0.0.0.3
[R1-ospf-1-area-0.0.0.0]network 172.16.0.8 0.0.0.3
[R1-ospf-1-area-0.0.0.0]network 172.16.0.12 0.0.0.3
/*配置 R2*/
[R2-ospf-1]area 0
[R2-ospf-1-area-0.0.0.0]network 172.16.0.0 0.0.0.3
[R2-ospf-1-area-0.0.0.0]network 172.16.0.4 0.0.0.3
[R2-ospf-1-area-0.0.0.0]network 172.16.1.0 0.0.0.255
/*配置 R3、R4*/
此处略.
```

　　使用 area 命令创建区域,输入要创建的区域 ID,由于使用 OSPF 单区域,所以设置为骨干区域即区域 0。再使用 network 命令来指定运行 OSPF 协议的接口和接口所属的区域,所有连接的接口都要指定,并尽量精确匹配所通告的网段。

3. 检查 OSPF 接口通告是否正确

```
/*以 R1 为例*/
<R1>display ospf interface
```

```
OSPF Process 1 with Router ID 11.1.1.1
      Interfaces
Area: 0.0.0.0            (MPLS TE not enabled)
IP Address        Type        State    Cost    Pri   DR              BDR
172.16.0.2        Broadcast    BDR       1       1    172.16.0.1      172.16.0.2
172.16.0.9        Broadcast    BDR       1       1    172.16.0.10     172.16.0.9
172.16.0.13       Broadcast    BDR       1       1    172.16.0.14     172.16.0.13
```

可以观察到本地 OSPF 进程是前面配置的 Router-id 11.1.1.1,有三个接口加入了 OSPF 进程。"Type"为以太网的广播类型,"State"为该接口当前的状态,显示为 BDR,说明这三个接口在它们的网段中都被选举为 BDR。

4. 检查 OSPF 邻居状态

```
/ * 以 R1 为例 * /
< R1 > display ospf peer
   OSPF Process 1 with Router ID 11.1.1.1
      Neighbors
Area 0.0.0.0 interface 172.16.0.2(GigabitEthernet0 /0 /0)'s neighbors
Router ID: 22.2.2.2          Address: 172.16.0.1
   State: Full   Mode:Nbr is  Master   Priority: 1
   DR: 172.16.0.1  BDR: 172.16.0.2  MTU: 0
   Dead timer due in 33   sec
   Retrans timer interval: 0
   Neighbor is up for 00:05:51
   Authentication Sequence: [ 0 ]
其他略……
```

通过 Router ID 查看邻居的路由器标识,Address 可以看到邻居的 OSPF 接口 IP 地址,State 可以看到目前该路由器的 OSPF 邻居状态。

5. 查看 OSPF 路由表

```
/ * 以 R1 为例 * /
< R1 > display ip routing-table protocol ospf
Route Flags: R - relay, D - download to fib
------------------------------------------------------------------------
Public routing table : OSPF
      Destinations : 4        Routes : 6
OSPF routing table status : < Active >
      Destinations : 4        Routes : 6
Destination /Mask  Proto  Pre  Cost  Flags  NextHop        Interface
   172.16.0.4 /30  OSPF    10    2      D    172.16.0.1     GigabitEthernet0 /0 /0
                   OSPF    10    2      D    172.16.0.10    GigabitEthernet0 /0 /1
```

| 172.16.0.16 /30 | OSPF | 10 | 2 | D | 172.16.0.14 | GigabitEthernet0 /0 /2 |
|---|---|---|---|---|---|---|
|  | OSPF | 10 | 2 | D | 172.16.0.10 | GigabitEthernet0 /0 /1 |
| 172.16.1.0 /24 | OSPF | 10 | 2 | D | 172.16.0.1 | GigabitEthernet0 /0 /0 |
| 172.16.2.0 /24 | OSPF | 10 | 2 | D | 172.16.0.14 | GigabitEthernet0 /0 /2 |

```
OSPF routing table status : < Inactive >
       Destinations : 0          Routes : 0
```

Destination/ Mask 表示目的网段的前缀及掩码,Proto 表示此路由信息来源于 OSPF 协议,Pre 表示路由优先级,Cost 表示开销值,NextHop 表示下一跳地址,Interface 表示去往该目的网段的出接口。

6. 使用 ping 命令测试 PC 间的连通性

```
PC1 > ping 172.16.2.2
Ping 172.16.2.2: 32 data bytes, Press Ctrl_C to break
Request timeout!
From 172.16.2.2: bytes = 32 seq = 2 ttl = 125 time = 31 ms
From 172.16.2.2: bytes = 32 seq = 3 ttl = 125 time = 31 ms
From 172.16.2.2: bytes = 32 seq = 4 ttl = 125 time = 31 ms
From 172.16.2.2: bytes = 32 seq = 5 ttl = 125 time = 47 ms
--- 172.16.2.2 ping statistics ---
  5 packet(s) transmitted
  4 packet(s) received
  20.00 % packet loss
  round-trip min /avg /max = 0 /35 /47 ms
```

通信正常,其他测试略。

文本:课前任务单

| 课前学习任务单(建议 1 小时) | |
|---|---|
| 学习目标 | —了解 OSPF 的区域化结构<br>—了解 OSPF 协议中链路状态的含义<br>—理解 OSPF 协议的工作过程<br>—配置路由器使用 OSPF 协议构建路由表 |
| 任务内容 | —知识学习:OSPF 区域化结构、报文分类、支持的网络类型和链路状态的含义等<br>  基本概念<br>—范例学习:OSPF 路由配置命令<br>—完成考核任务 |

| 范例学习 | —网络搭建<br>—设备 IP 参数配置<br>—配置 OSPF 路由<br>—查看 OSPF 路由信息<br>—连通测试<br>—记录结果 |
|---|---|
| 课前任务考核 | —考核方式:线上【讨论区】<br>—考核要求Ⅰ:配置操作截图 3～4 幅<br>—考核要求Ⅱ:在讨论区发言 1 条,为提问、总结或配置体会等 |

 任务布置

文本:基础任务单

1. 基础训练(难度、任务量小)

| 基础任务单 | | | |
|---|---|---|---|
| 任务名称 | OSPF 单区域配置 | | |
| 涉及领域 | 动态路由 | | |
| 任务描述 | —不同网络的 IP 参数规划<br>—OSPF 单区域配置方法<br>—查看 OSPF 接口状态 | —查看 OSPF 路由表、邻居状态<br>—测试不同网络的连通性 | |
| 工程人员 | | 项目组 | 工号 |
| 操作须知 | —设备摆放、连线规范。<br>—设备配置要保存。<br>—拓扑文件要保存。<br>—修改设备和主机名称。 | | |
| 任务内容 | —搭建如图 3-31 所示网络,填写表 3-11 的 IP 参数,本任务所选路由器设备为 3 台 AR2220,6 台 PC。PC1、PC2 为京华大学 A 校区的主机,PC3、PC4 为京华大学 B 校区的主机,PC5、PC6 为京华大学 C 校区的主机。 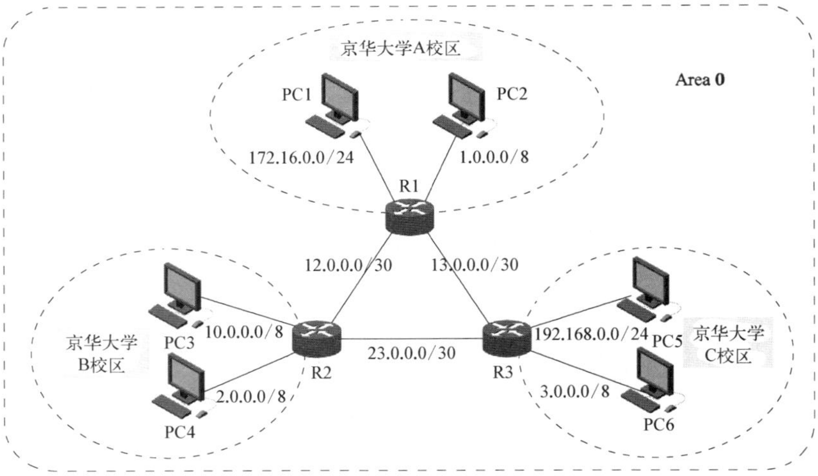 | | |

图 3-31　基础任务单网络拓扑

| | |
|---|---|
| | —网络 IP 参数配置：<br>■ 更改设备名称。<br>■ 网络 IP 参数规划。<br>■ 各个路由器、主机 IP 配置。<br>■ 查看 IP 配置结果。<br>—路由器 R1～R3 配置：<br>■ 路由器上配置 OSPF。<br>■ 查看 OSPF 配置结果。<br>—验证测试：<br>■ 使用 ping 命令测试主机 PC 之间的连通性。 |
| 网络编址 | —根据网络拓扑图 3 - 31 设计网络设备的 IP 编址，填写表 3 - 11 所示地址表，根据需要填写，不需要的填写"×"。<br><br>表 3 - 11　设备配置地址表 |

| 设备 | 接口 | IP 地址 | 子网掩码 | 网关 |
|---|---|---|---|---|
| PC1 | | | | |
| PC2 | | | | |
| PC3 | | | | |
| PC4 | | | | |
| PC5 | | | | |
| PC6 | | | | |
| R1 | | | | |
| | | | | |
| | | | | |
| | | | | |
| R2 | | | | |
| | | | | |
| | | | | |
| | | | | |
| R3 | | | | |
| | | | | |
| | | | | |

| | |
|---|---|
| 验收结果 | —网络搭建情况、参数设计。<br>—查看各个路由器上的 OSPF 路由信息并记录。<br>—测试主机之间的连通性。 |

2. 进阶训练(难度、任务量大)

| 进阶任务单 | | | | |
|---|---|---|---|---|
| 任务名称 | OSPF 多区域配置 | | | |
| 涉及领域 | 动态路由 | | | |
| 任务描述 | —不同网络的 IP 参数规划<br>—OSPF 多区域配置方法<br>—查看 OSPF 接口状态 | | —查看 OSPF 路由表、邻居状态<br>—测试不同网络的连通性 | |
| 工程人员 | | 项目组 | | 工号 | |
| 操作须知 | —设备摆放、连线规范。<br>—设备配置要保存。<br>—拓扑文件要保存。<br>—修改设备和主机名称。 | | | |
| 任务内容 | —搭建如图 3-32 所示网络,填写表 3-12 的 IP 参数,本任务所选路由器设备为 6 台 AR2240、4 台 PC。R1、R2、R3 为核心区域设备,属于区域 0,R4、R5、R6 分别为京华大学 A 校区、B 校区、C 校区的网关设备。PC1、PC2 为京华大学 A 校区的主机,PC3 为京华大学 B 校区的主机,PC4 为京华大学 C 校区的主机。<br>(在该网络中,如果采用单区域配置,则会导致单一区域 LSA 数目庞大,导致路由器开销过高,SPF 算法运算过于频繁,因此,网络管理员选择配置多区域方案进行网络配置,将三个校区运行在不同的 OSPF 区域中) 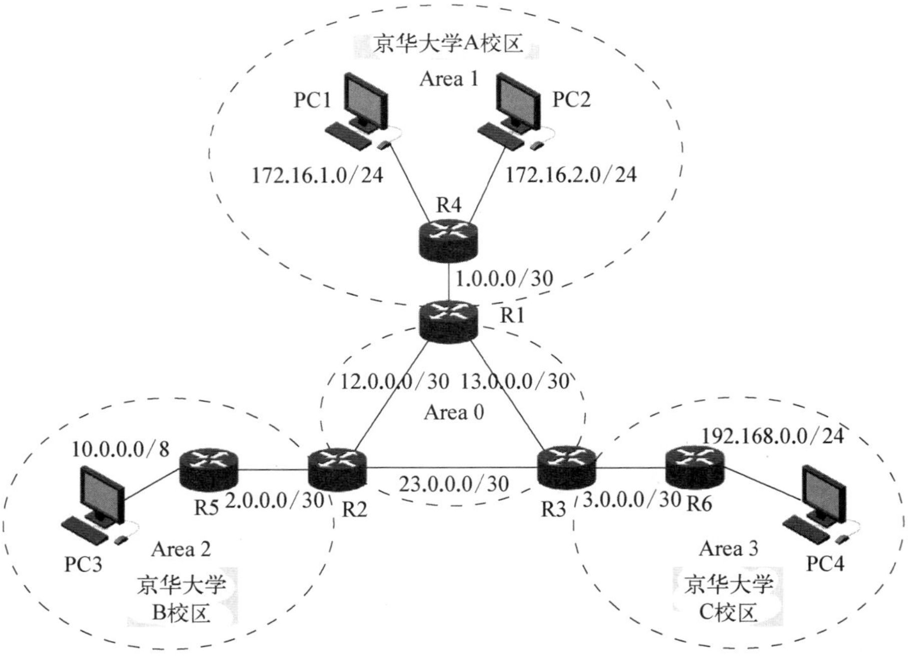 | | | |

京华大学A校区

Area 1

PC1　　　　　PC2

172.16.1.0/24　　　　172.16.2.0/24

R4

1.0.0.0/30

R1

12.0.0.0/30　13.0.0.0/30

Area 0

192.168.0.0/24

10.0.0.0/8

R5　2.0.0.0/30　R2　　23.0.0.0/30　　R3　3.0.0.0/30　R6

Area 2　　　　　　　　　　　　　　　　Area 3

PC3

京华大学
B校区

京华大学
C校区

PC4

图 3-32　进阶任务单网络拓扑

| 进阶任务单 | |
|---|---|
| | —网络 IP 参数配置：<br>　■ 更改设备名称。<br>　■ 网络 IP 参数规划。<br>　■ 各个路由器、主机 IP 配置。<br>　■ 查看 IP 配置结果。<br>—路由器 R1～R6 配置：<br>　■ 路由器上配置 OSPF。<br>　■ 查看 OSPF 配置结果。<br>—验证测试：<br>　■ 使用 ping 命令测试主机 PC 之间的连通性。 |
| 网络编址 | —根据网络拓扑图 3－32 设计网络设备的 IP 编址，填写表 3－12 所示地址表，根据需要填写，不需要的填写"×"。 |

表 3－12　设备配置地址表

| 设备 | 接口 | IP 地址 | 子网掩码 | 网关 |
|---|---|---|---|---|
| PC1 | | | | |
| PC2 | | | | |
| PC3 | | | | |
| PC4 | | | | |
| R1 | | | | |
| | | | | |
| | | | | |
| R2 | | | | |
| | | | | |
| | | | | |
| R3 | | | | |
| | | | | |
| | | | | |
| R4 | | | | |
| | | | | |
| | | | | |
| R5 | | | | |
| | | | | |
| R6 | | | | |

| 验收结果 | —网络搭建情况、参数设计。<br>—查看各个路由器上的 OSPF 路由信息并记录。<br>—测试主机之间的连通性。 |
|---|---|

# 任务总结

本节工作任务是关于网络互联技术与配置，需要解决路由及路由协议的问题，一向都被认为是网络技术知识的重点和难点，希望通过本节任务的学习，能够在这方面打下坚实而稳固的基础。学习完本节内容后，能够了解路由器的基本概念、工作原理和路由表查询过程，掌握路由分类、VLAN 间路由、静态路由、默认路由、动态路由（OSPF）相关原理及配置操作。内容相对较为复杂，不同基础的学习者可以根据自身情况选择完成"基本任务单"或者"项目任务单"，教师也可以布置课前学习任务，以实现知识学习的翻转。

本节工作任务主要依托"京华大学校园网络建设一期工程"项目，完成"网络互联与配置"任务。本节从认识路由器到路由器开局与日常维护操作，然后到利用三层技术实现校园网内不同部门（区域）VLAN 之间的通信，再到校园网不同区域之间路由互联互通，最后到跨地域（校区）的中大型网络互联，我们依托数字校园的网络基础设施建设项目，介绍常见的几种路由类型（包括静态路由、动态路由、默认路由）的基础知识，还有 VLAN 间路由和直连路由的概念、所采用的路由算法工作原理，其中最重要的是使用这些路由协议的基本网络结构、路由表基本生成原理。

为了把复杂的内容讲解得尽可能通俗易懂，本节采用由理论到配置再到任务布置，教学方法上建议采用混合教学、翻转课堂和进阶课堂等，并加入"国家级通信技术专业教学资源库"中各类信息化、数字化教学资源，包括大量的微课、课件和任务单。

# 思考与案例

 任务思考

1. 路由器由哪几个部分组成？
2. 路由器有哪两个主要功能？
3. 路由表是如何建立的？
4. 路由器在选择路由时，依据的标准是什么？
5. 在进行 IP 包转发的时候，如果路由表中有多条路由都匹配，路由器这时如何进行转发？
6. OSPF 路由在跨区域通信时，使用哪种 LSA 进行交互？

 工程案例

1. 案例描述
运营商 OSPF 路由汇总应用实例。

2. 案例要求

① 根据拓扑图，完成网络设备的基本配置（设备名、用户名和密码、远程登录配置、系统密码、端口描述和 banner 等相关信息）；

② 根据拓扑图的要求，完成网络设备接口的相应配置；

③ 根据拓扑图的要求，完成接入层交换机的基本配置（划分 VLAN、分配接口、中继链路、端口安全、中继链路安全、子接口和 DHCP 等相关信息配置）；

④ 根据拓扑图的要求，配置 OSPF 协议；

⑤ 根据拓扑图的要求，完成路由汇总配置。

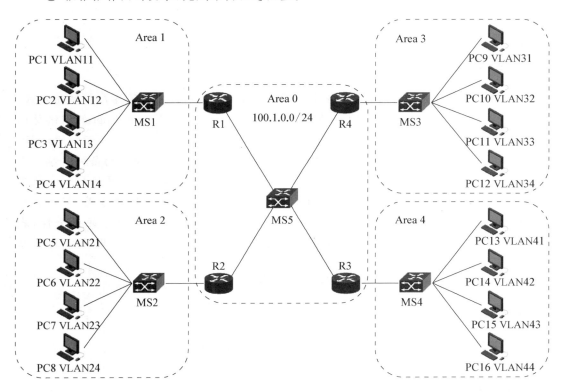

# 工作任务四

# 网络安全与应用技术

 **任务描述**

交换技术可以将校园网的广播域按业务划分,路由技术又实现了各广播域的互联,网络雏形已现。然而,仅仅实现校园网的互联互通,无法满足用户 Internet 的网络访问需求。为校园网提供安全、可靠的 Internet 接入也将作为网络组建必不可少的环节。其中,校园网的安全可通常借助包过滤的访问控制技术,可以根据设定的条件对接口上的数据包进行过滤,可实现病毒的防护和用户权限的控制;另外,校园网的接入中还需考虑使用少量的全球 IP 地址(公网 IP 地址)代表较多的私有 IP 地址的方式,节约公网 IP 地址的同时,满足内网用户的 Internet 访问;为进一步增强某些业务的安全性,我们还将在校园中提供虚拟专网业务搭建,借助高带宽的校园网络实现业务的独立使用。

 **知识技能**

**知识运用要求**
- 了解 ACL 的定义和作用。
- 掌握 ACL 的分类及工作原理。
- 了解 NAT 的定义和作用。
- 掌握 NAT 分类及工作原理。
- 掌握 NAPT 的分类及工作原理。
- 掌握 VPN 的基本概念。
- 了解 GRE VPN 的工作原理。

**技能操作要求**
- 掌握基本 ACL 配置。
- 掌握高级 ACL 配置。
- 掌握静态 NAT 配置。
- 掌握动态 NAT 及 NAPT 配置。
- 了解 GRE VPN 的基本配置。

# 4.1　ACL 访问控制列表应用

 需求分析

借助上一章节所学路由知识,我们可以成功地将教工网络、学生网络、信息(服务)中心等业务网络实现互联。网络的安全更是校园网中不可忽视的环节,让校园网内用户免受外部病毒的干扰以及限制内网的非法访问权限。本节任务要求学生了解 ACL 访问控制列表工作原理和性能参数;熟悉 ACL 命令结构,完成路由器的基本访问控制列表和高级访问控制列表的配置,具备基本安全维护能力,为后续项目做准备。

 知识学习

微课:
ACL 原理

## 4.1.1　ACL 概念

ACL(Access Control Lists,访问控制列表)是一种对经过路由器的数据流进行判断、分类和过滤的方法。

常见的 ACL 的应用是将 ACL 应用到接口上。其主要作用是根据数据包与数据段的特征来进行判断,决定是否允许数据包通过路由器转发,其主要目的是对数据流量进行管理和控制。

我们还常使用 ACL 实现策略路由和特殊流量的控制,在一个 ACL 中可以包含一条或多条特定类型的 IP 数据报的规则。ACL 可以简单到只包括一条规则,也可以是复杂到包括很多规则,通过多条规则来定义与规则中相匹配的数据分组。

ACL 作为一个通用的数据流量的判别标准还可以和其他技术配合,应用在不同的场合:

(1) 限制网络流量,提供网络安全访问的基本手段,例如,用户可以允许 E-mail 通信流量被路由,拒绝所有的 Telnet 通信流量等;

(2) 分离设备业务流,保障网络性能,应用在 QoS 与队列技术、策略路由、数据速率限制、路由策略、NAT 等。例如,借助 ACL 可以分离数据报文,从而限制通过路由器某一网段的通信流量或者在路由器端口处决定哪种类型的通信流量被转发或被阻塞。

## 4.1.2　ACL 分类

### 一、判断五元组

ACL 可以使用的判别标准如图 4-1 所示,包括:源 IP、目的 IP、协议类型(IP、UDP、

TCP、ICMP)、源端口号、目的端口号。ACL 可以根据这五个要素中的一个或多个要素的组合来作为判别的标准。ACL 可以根据 IP 包及 TCP 或 UDP 数据段中的信息来对数据流进行判断,即根据第 3 层及第 4 层的头部信息进行判断。

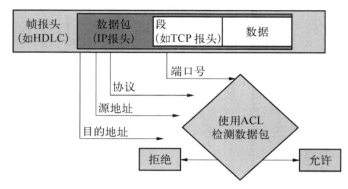

图 4-1　访问控制列表位五元组

### 二、访问控制列表分为三种类型

1. 基本 ACL

只针对数据包的源地址信息作为过滤的标准而不能基于协议或应用来进行过滤,即只能根据数据包是从哪里来的进行控制,而不能基于数据包的协议类型及应用来对其进行控制,只能粗略地限制某一类协议,如 IP 协议。

2. 高级 ACL

可以针对数据包的源地址、目的地址、协议类型及应用类型(端口号)等信息作为过滤的标准,即可以根据数据包是从哪里来、到哪里去、何种协议、什么样的应用等特征来进行精确的控制。

3. 二层 ACL

可以针对报文的源 MAC 地址、目的 MAC 地址、IEEE802.1P 优先级、数据链路层协议类等其他二层信息作为标准。可忽略 IP 地址的不确定性,针对相对固定的二层信息精准控制。

各种类型 ACL 的区别见表 4-1 所示。

表 4-1　各类型 ACL 区别

| | 基本 ACL | 高级 ACL | 二层 ACL |
| --- | --- | --- | --- |
| 编号范围 | 2000～2999 | 3000～3999 | 4000～4999 |
| 判断依据 | 基于源地址过滤 | 基于五元组过滤 | 基于 MAC、VLAN 等 |

## 4.1.3　ACL 工作原理

访问控制列表由一组有序的条件语句构成,每个条件语句中的关键词 permit 或 deny

决定了匹配该条件语句的数据是被允许还是被禁止通过路由器的接口。条件中的匹配参数可以是上层协议、源或目的地址、端口号及其他一些选项。访问控制列表应用在接口上,对通过该接口的数据包进行检查和过滤。

## 一、ACL 工作流程

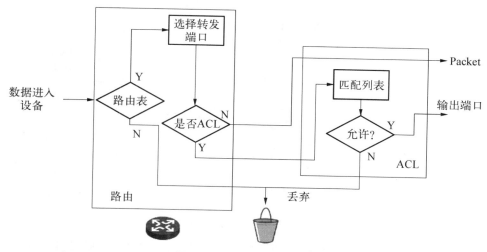

**图 4－2　ACL 工作流程图**

下面以应用在外出接口方向(outbound)的 ACL 为例说明 ACL 的工作流程,如图 4－2 所示。

第一步　首先数据包进入路由器的接口,根据目的地址查找路由表,找到转发接口(如果路由表中没有相应的路由条目,路由器会直接丢弃此数据包,并给源主机发送目的不可达消息)。确定外出接口后需要检查是否在外出接口上配置了 ACL,如果没有配置 ACL,路由器将做与外出接口数据链路层协议相同的 2 层封装,并转发数据。

第二步　如果在外出接口上配置了 ACL,则要根据 ACL 制定的原则对数据包进行判断:如果匹配了某一条 ACL 的判断语句并且这条语句的关键字是 permit,则转发数据包;如果匹配了某一条 ACL 的判断语句并且这条语句的关键字不是 permit,而是 deny,则丢弃数据包。

## 二、ACL 语句内部处理过程

接下来讨论 ACL 内部的具体处理过程:

每个 ACL 可以有多条语句(规则)组成,当一个数据包要通过 ACL 的检查时首先检查 ACL 中的第一条语句。如果匹配其判别条件,则依据这条语句所配置的关键字对数据包操作:如果关键字是 permit,则转发数据包;如果关键字是 deny,则直接丢弃此数据包。

微课:ACL 内部处理流程

如果没有匹配第一条语句的判别条件,则进行下一条语句的匹配,同样如果匹配其判别条件,则依据这条语句所配置的关键字对数据包操作。如果关键字是 permit,则转发数据包;如果关键字是 deny,则直接丢弃此数据包。

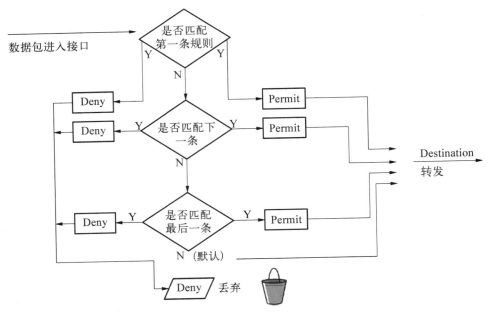

图 4 - 3　ACL 内部处理流程

这样的过程一直进行,一旦数据包匹配了某条语句的判别语句,则根据这条语句所配置的关键字或转发或丢弃。

如果一个数据包没有匹配上 ACL 中的任何一条语句则会被丢弃掉,因为缺省情况下每一个 ACL 在最后都有一条隐含的匹配所有数据包的条目,其关键字是 permit。

以上 ACL 内部的处理过程总的来说,就是自上而下,顺序执行,直到找到匹配的规则,拒绝或允许。

### 三、ACL 规则

ACL 的规则如下:

(1) ACL 语句执行顺序。

ACL 按照由上到下的顺序执行,找到第一个匹配后即执行相应的操作,然后跳出 ACL 而不会继续匹配下面的语句,所以 ACL 中语句的顺序很关键,如果顺序错误,则有可能效果与预期完全相反。

(2) 隐含的允许所有的条目。末尾隐含为 Permit 全部,意味着 ACL 前续条件中所有都无匹配的业务流,将能够通过。

(3) ACL 可应用于 IP 接口或某种服务,ACL 是一个通用的数据流分类与判别的工具,可以被应用到不同的场合,常见的应用为将 ACL 应用在接口上或应用到服务上。

(4) 对于一个协议,一个接口的一个方向上同一时间内只能设置一个 ACL,并且 ACL 配置在接口上的方向很重要,如果配置错误,ACL 将不起作用。

 提示

ACL 可被应用在数据包进入路由器的接口方向,也可被应用在数据包从路由器外出的接口方向,并且一台路由器上可以设置多个 ACL。但对于一台路由器的某个特定接口的特定方向上,针对某一个协议,如 IP 协议,只能同时应用一个 ACL。

操作练习

### 标准 ACL 配置

根据图 4-4 所示的网络拓扑,完成标准 ACL 在接入控制中的运用。实验要求:

① 完成各设备配置使得全网互通;

② 在 R3 上部署基本访问控制列表,禁止 1.1.1.1 的用户穿越 R2 访问 3.3.3.3 的所有服务;

③ 在 R1 上部署高级访问控制列表,仅禁止 2.2.2.2 的用户到 3.3.3.3 的 ping 操作,其他业务不受影响。

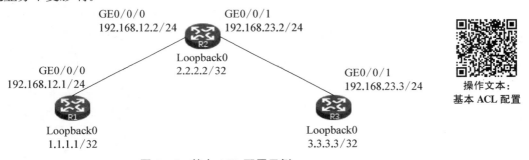

操作文本:
基本 ACL 配置

图 4-4　基本 ACL 配置示例

1. 路由的接口配置

R1 的配置如下:

```
/*在 R1 上分别配置 LoopBack 0、GE0 /0 /0IP 地址并打开 S0 /0 端口*/
[Huawei] sysname R1
[R1]interface LoopBack 0
[R1-LoopBack1] ip address 1.1.1.1 32
[R1]inte GigabitEthernet 0 /0 /0
[R1-GigabitEthernet0 /0 /0]ip add 192.168.12.1 24
[R1-GigabitEthernet0 /0 /0]
/*查看接口配置信息*/
<R1>dis ip interface brief
```

| Interface | IP Address /Mask | Physical | Protocol |
|---|---|---|---|
| GigabitEthernet0 /0 /0 | 192.168.12.1 /24 | up | up |
| GigabitEthernet0 /0 /1 | unassigned | down | down |
| GigabitEthernet0 /0 /2 | unassigned | down | down |
| LoopBack1 | 1.1.1.1 /32 | up | up(s) |
| NULL0 | unassigned | up | |

R2 和 R3 接口基本配置略。完成上述配置后,相关协议接口均 UP 状态。

2. 路由协议配置

```
/* 在 R1 上配置 ospf 协议 */
[R1]ospf 1 router - id 1.1.1.1
[R1 - ospf - 1]area 0
[R1 - ospf - 1 - area - 0.0.0.0]net 1.1.1.1 0.0.0.0
[R1 - ospf - 1 - area - 0.0.0.0]net 192.168.12.0 0.0.0.255


/* 在 R1 上 display ospf 邻居 */
<R1> display ospf peer brief
OSPF Process 1 with Router ID 1.1.1.1
     Peer Statistic Information
----------------------------------------------------------------------

Area Id          Interface                    Neighbor id     State
0.0.0.0          GigabitEthernet0/0/0         2.2.2.2         Full
----------------------------------------------------------------------
/* 在 R1 上查看路由表 */
<R1> dis ip routing - table
Route Flags: R - relay, D - download to fib
----------------------------------------------------------------------

Routing Tables: Public
       Destinations : 11        Routes : 11
Destination/Mask  Proto  Pre Cost  Flags NextHop        Interface
   1.1.1.1 /32    Direct  0   0      D   127.0.0.1      LoopBack1
   2.2.2.2 /32    OSPF   10   1      D   192.168.12.2   GE0 /0 /0
   3.3.3.3 /32    OSPF   10   2      D   192.168.12.2   GE0 /0 /0
/* 在 R1 上进行 Ping 测试 */
<R1> ping 3.3.3.3
PING 3.3.3.3: 56   data bytes, press CTRL_C to break
  Reply from 3.3.3.3: bytes = 56 Sequence = 1 ttl = 254 time = 40 ms

  ° ° °
  --- 3.3.3.3 ping statistics ---
    5 packet(s) transmitted
    5 packet(s) received
    0.00 % packet loss
    round-trip min /avg /max = 30 /36 /40 ms
```

R2 和 R3 上 OSPF 动态路由协议配置略。完成上述配置后,可借助 display ospf peer brief 查看各自路由器的 OSPF 邻居是否正常;借助 display iprouting-table 查看全网路由可达性;也可以借助 ping 操作逐段进行连通性测试,全网路由可达后进入下一步。

### 3. 触发条件 time-range 的基本配置

```
/*设定 time-range*/
[R3]time-range WorkingTime 8:00 to 17:00 working-day ?
<0-6>              Day of the week(0 is Sunday)
Sat                Saturday
Sun                Sunday
daily              Every day of the week
off-day            Saturday and Sunday
<cr>               Please press ENTER to execute command
```

默认情况下,ACL 访问控制列表全程生效,我们也可以借助 time-range 实现特定时间段内的访问控制,如上课期间只能访问学习网站等。其中,WorkingTime 为时间段名称,可作为访问控制列表条目中参数使用;时间段可根据需求指定特定时间段生效或者周期性时间段生效。

### 4. 基本 ACL 配置

```
/*创建 ACL*/
[R3]acl 2000
/*设定 ACL 规则*/
[R3-acl-basic-2000]rule 5 deny source 1.1.1.1 0
[R3-acl-basic-2000]rule 10 deny source 2.2.2.2 0 time-range working
/*查看 ACL 配置*/
[R3]dis acl all
Total quantity of nonempty ACL number is 1
Basic ACL 2000, 2 rules
Acl's step is 5
rule 5 deny source 1.1.1.1 0
rule 10 deny source 2.2.2.2 0 time-range working(Active)
```

acl 2000:创建编号为 2000 的基本 ACL 列表,基本访问控制列表编号为:2000~2999。

访问控制列表中规则设定命令:rule 5 deny source 1.1.1.1 0。其中,5 为规则编号,可以省略;IP 地址后紧跟着地址的匹配符(反掩码),0 代表特定主机。

华为设备规则间编号默认间隔 5,也称为步长值。

### 5. ACL 接口应用配置

```
/*ACL 应用配置*/
[R3]inter GigabitEthernet 0/0/1
[R3-GigabitEthernet0/0/1]traffic-filter ?
  inbound   Apply ACL to the inbound direction of the interface
  outbound  Apply ACL to the outbound direction of the interface
[R3-GigabitEthernet0/0/1]traffic-filter inbound acl 2000
```

```
/*查看 GE0/0/1 端口配置*/
[R3 - GigabitEthernet0/0/1]dis this
#
interface GigabitEthernet0/0/1
 ip address 192.168.23.2 255.255.255.0
 traffic - filter inbound acl 2000
#
```

访问控制列表在设定好还需要将其应用到设备端口,才能生效。通常借用报文过滤技术【traffic-filter】来实现;每个物理端口的业务流都具有双向性,访问控制列表在应用时应注意顺应业务流的流向,否则访问控制列表将会无法生效。

6. 访问控制列表的连通性测试

```
/*使用默认源 IP 进行 Ping 测试*/
<R1>ping 3.3.3.3
  PING 3.3.3.3: 56   data bytes, press CTRL_C to break
   Reply from 3.3.3.3: bytes = 56 Sequence = 1 ttl = 254 time = 50 ms
  ...
   --- 3.3.3.3 ping statistics ---
   5 packet(s) transmitted
   5 packet(s) received
   0.00% packet loss
   round-trip min/avg/max = 30/38/50 ms
/*使用 Loopback1 接口作为源端口 ping 测试*/
<R1>ping - i LoopBack 0 3.3.3.3
  PING 3.3.3.3: 56   data bytes, press CTRL_C to break
   Request time out
  ° ° °
   --- 3.3.3.3 ping statistics ---
   5 packet(s) transmitted
   0 packet(s) received
   100.00% packet loss
```

同样由 R1 执行 ping 操作,如果不指定端口直接 ping 测试,华为默认使用 GE0/0/0 接口的 IP 地址作为源地址,这是执行的 ping 操作显示 ACL 并未生效,但是借助 -i 参数,强行指定源 IP 为 loopback 0 地址就会发现 ACL 生效,在 R3 上将来自 1.1.1.1 的数据丢弃掉了。

7. 高级 ACL 配置

```
/*创建 ACL*/
[R3]acl 3000
```

```
/*设定 ACL 规则*/
[R1-acl-adv-3000]rule 5 deny icmp source 2.2.2.2 0 destination 3.3.3.3 0
[R1-acl-adv-3000]rule 10 deny tcp source 2.2.2.2 0 destination 3.3.3.3 0 destination-
port eq 23
/*查看 ACL 配置*/
[R1-acl-adv-3000]dis acl all
 Total quantity of nonempty ACL number is 1
Advanced ACL 3000, 2 rules
Acl's step is 5
 rule 5 deny icmp source 2.2.2.2 0 destination 3.3.3.3 0
 rule 10 deny tcp source 2.2.2.2 0 destination 3.3.3.3 0 destination-port eq telnet
```

acl 3000：创建编号为 3000 的基本 ACL 列表，基本访问控制列表编号为：3000～3999。

访问控制列表中规则设定命令：rule 5 代表限制 2.2.2.2 到 3.3.3.3 主机的 ping 操作；rule 10 代表限制 2.2.2.2 主机到 3.3.3.3 的 telnet 服务。

8. ACL 接口应用配置

```
/*ACL 应用配置*/
[R1]inter GigabitEthernet 0 /0 /0
[R1-GigabitEthernet0 /0 /0]traffic-filter outbound acl 3000
/*查看 GE0 /0 /1 端口配置*/
[R1-GigabitEthernet0 /0 /0]dis this
[V200R003C00]
#
interface GigabitEthernet0 /0 /0
 ip address 192.168.12.1 255.255.255.0
 traffic-filter outbound acl 3000
#
return
```

访问控制列表在设定好后还需要将其应用到设备端口，才能生效。通常借用报文过滤技术【traffic-filter】来实现；每个物理端口的业务流都具有双向性，访问控制列表在应用时应注意顺应业务流的流向，否则访问控制列表将会无法生效。

9. 访问控制列表的连通性测试

```
/*不带源地址 Ping 测试*/
<R1>ping 3.3.3.3
  PING 3.3.3.3: 56   data bytes, press CTRL_C to break
    Reply from 3.3.3.3: bytes = 56 Sequence = 1 ttl = 254 time = 50 ms

    ...

  --- 3.3.3.3 ping statistics ---
```

```
    5 packet(s) transmitted
    5 packet(s) received
    0.00% packet loss
    round-trip min/avg/max = 30/38/50 ms
/* 使用 Loopback1 接口作为源端口 ping 测试 */
<R1>ping -i LoopBack 0 3.3.3.3
    PING 3.3.3.3: 56  data bytes, press CTRL_C to break
    Request time out
    。。。
--- 3.3.3.3 ping statistics ---
    5 packet(s) transmitted
    0 packet(s) received
    100.00% packet loss
```

　　同样由 R1 执行 ping 操作,如果不指定端口直接 ping 测试,华为默认使用 GE0/0/0
接口的 IP 地址作为源地址,这是执行的 ping 操作显示 ACL 并未生效,但是借助-i 参
数,强行指定源 IP 为 loopback 0 地址就会发现 ACL 生效,在 R3 上将来自 1.1.1.1 的数据
丢弃掉了。

文本:课前任务单

| 课前学习任务单(建议 1 小时) | |
|---|---|
| 学习目标 | —掌握 ACL 的定义和作用<br>—掌握 ACL 的基本概念<br>—掌握 ACL 的分类 |
| 任务内容 | —知识学习:ACL 基础<br>—范例学习:基本 ACL 配置过程<br>—完成考核任务 |
| 范例学习 | —路由器基本配置<br>—路由基本配置<br>—连通测试<br>—输入测试命令<br>—记录结果 |
| 课前任务考核 | —考核方式:线上【讨论区】<br>—考核要求Ⅰ:配置操作截图 3-4 幅<br>—考核要求Ⅱ:在讨论区发言 1 条,为提问、总结或配置体会等 |

1. 基础训练(难度、任务量小)

| 基础任务单 | | | | | |
|---|---|---|---|---|---|
| 任务名称 | 基本 ACL 配置 | | | | |
| 涉及领域 | 路由、ACL | | | | |
| 任务描述 | —路由器接口配置<br>—路由测试<br>—ACL 的验证 | | —路由基本配置<br>—基本 ACL 的配置 | | |
| 工程人员 | | 项目组 | | 工号 | |
| 操作须知 | —设备基本配置。<br>—设备全网路由可达。<br>—设备 ACL 配置及应用。<br>—拓扑文件要保存。 | | | | |
| 任务内容 | —搭建如图 4-5 所示网络,根据表 4-2 填写的 IP 参数,设置各路由器的 IP 地址、子网掩码及网关。<br><br>图 4-5　基础任务单网络拓扑<br><br>—路由器 R3 配置:<br>　■ 更改设备名称。<br>　■ 配置 GE0/0/0 接口 IP 地址。<br>　■ 配置 OSPF 全网路由。<br>　■ 配置基本 ACL 并应用到相应端口。<br>—路由 R1&R2 配置:OSPF 全网路由可达。<br>—验证测试:<br>　■ 查看 R3 的配置结果。<br>　■ 查看 R3 的路由表。<br>　■ 查看 R3 的 ACL 配置。<br>　■ 使用 ping 命令测试:指定源 IP 和指定接口 IP 查看测试的连通性。 | | | | |

GE0/0/0<br>192.168.12.2/24　　　GE0/0/1<br>192.168.23.2/24<br>R2

Loopback0<br>1.1.1.1/32　　GE0/0/0<br>192.168.12.1/24　　GE0/0/1<br>192.168.23.3/24　　Loopback0<br>3.3.3.3/32<br>R1　　　　　　　　　　　　　　　　　　　　　R3

续　表

| 基础任务单 | | | | | |
| --- | --- | --- | --- | --- | --- |
| 网络编址 | —根据网络拓扑图 4-5 设计网络设备的 IP 编址,填写表 4-2 所示地址表,根据需要填写,不需要的填写"×"。<br><br>表 4-2　设备配置地址表 | | | | |

| 设备 | 接口 | IP 地址 | 子网掩码 | 网关 |
| --- | --- | --- | --- | --- |
| R1 | Loopback0 | | | |
| | GE0/0/0 | | | |
| R2 | Loopback0 | | | |
| | GE0/0/0 | | | |
| | GE0/0/1 | | | |
| R3 | Loopback0 | | | |
| | GE0/0/1 | | | |

| | |
| --- | --- |
| 验收结果 | —网络搭建情况、参数设计。<br>—网络路由配置。<br>—查看 ACL 配置信息。<br>—测试连通性并记录。 |

## 2. 进阶训练(难度、任务量大)

文本:进阶任务单

| 进阶任务单 | | | | | | |
| --- | --- | --- | --- | --- | --- | --- |
| 任务名称 | 高级 ACL 配置 | | | | | |
| 涉及领域 | 路由、ACL | | | | | |
| 任务描述 | —路由器接口配置<br>—路由测试<br>—ACL 的验证 | | | —路由基本配置<br>—高级 ACL 的配置 | | |
| 工程人员 | | 项目组 | | | 工号 | |
| 操作须知 | —设备基本配置。<br>—设备全网路由可达。<br>—设备 ACL 配置及应用。<br>—拓扑文件要保存。 | | | | | |

| | |
|---|---|
| 任务内容 | —搭建如图 4-6 所示网络,根据表 4-3 填写的 IP 参数,设置各路由的 IP 地址、子网掩码及网关。<br><br>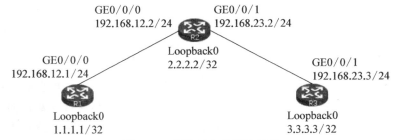<br>GE0/0/0　　　　　　　　　　GE0/0/1<br>192.168.12.2/24　　　　　　192.168.23.2/24<br>　　　　　　　Loopback0<br>GE0/0/0　　　　2.2.2.2/32　　　　　GE0/0/1<br>192.168.12.1/24　　　　　　　　192.168.23.3/24<br>Loopback0　　　　　　　　　　Loopback0<br>1.1.1.1/32　　　　　　　　　　3.3.3.3/32<br><br>**图 4-6　进阶任务单网络拓扑**<br><br>—路由器 R1 配置:<br>■ 更改设备名称。<br>■ 配置 GE0/0/0 接口 IP 地址。<br>■ 配置 OSPF 全网路由。<br>■ 配置基本 ACL 并应用到相应端口。<br>—路由 R2&R3 配置:OSPF 全网路由可达。<br>—验证测试:<br>■ 查看 R1 的配置结果。<br>■ 查看 R1 的路由表。<br>■ 查看 R1 的 ACL 配置。<br>■ 使用 ping 命令测试:指定源 IP 和指定接口 IP 查看测试的连通性。 |
| 网络编址 | —根据网络拓扑图 4-6 设计网络设备的 IP 编址,填写表 4-3 所示地址表,根据需要填写,不需要的填写"×"。<br><br>**表 4-3　设备配置地址表**<br><br>（见下表） |

| 设备 | 接口 | IP 地址 | 子网掩码 | 网关 |
|---|---|---|---|---|
| R1 | Loopback0 | | | |
| | GE0/0/0 | | | |
| R2 | Loopback0 | | | |
| | GE0/0/0 | | | |
| | GE0/0/1 | | | |
| R3 | Loopback0 | | | |
| | GE0/0/1 | | | |

| | |
|---|---|
| 验收结果 | —网络搭建情况、参数设计。<br>—网络路由配置。<br>—查看 ACL 配置信息。<br>—测试连通性并记录。 |

# 4.2　NAT 地址转换技术

 需求分析

借助前期所学交换、路由技术，我们可以顺利地为校园内师生提供一个可靠、稳定的校园内网。学校师生可以借助校信息中心分配的私有 IP 地址互相访问，但是该地址并不是合法的 IP 地址，也无法在公网上正常使用。同时，受限于公网地址数量，我们无法为每位师生提供一个合法的公网地址，那如何实现师生借助私网地址的合法访问将是本节重点介绍内容。在学校的网络出口处将私网地址转换成公网地址，从而满足用户的公网访问需求。

 知识学习

## 4.2.1　NAT 概述

当今 Internet 使用的 TCP/IP 协议实现全球用户的互联互通，其中，每台终端都拥有一个唯一、合法的 IP 地址作为虚拟网络世界的地址标识。该地址也是由 Internet 管理机构 NIC（Network Information Center，网络信息中心）分配。

目前所使用的 IPv4 具有天生的数量限制，难以满足爆炸式增长的用户需求，NIC 无法为数以亿计的终端分配公有 IP 地址，所以定义了供专有网络（私有网络）使用的私有 IP 地址。

### 一、私有地址和公有地址

A、B、C 三类地址中大部分为可以在 Internet 上分配给主机使用的合法 IP 地址。
其中以下这几部分为私有地址空间：
10.0.0.0—10.255.255.255；
172.16.0.0—172.31.255.255；
192.168.0.0—192.168.255.255。
私有地址可不经申请直接在内部网络中分配使用，不同的私有网络可以有相同的私有网段。但私有地址不能直接出现在公网上，当私有网络内的主机要与位于公网上的主机进行通信时必须经过地址转换，将其私有地址转换为合法公网地址才能对外访问。

### 二、NAT 的概念

NAT 的全称是网络地址转换（Network Address Translation），它是在 IP 地址日益短缺的情况下提出的。

NAT 可以有效地节约 Internet 公网地址,使得所有的内部主机使用有限的合法地址都可以连接到 Internet 网络。

地址转换技术还可以有效地隐藏内部局域网中的主机,因此,地址转换同时也是一种有效的网络安全保护技术。

地址转换还可以按照用户的需要,在内部局域网内部提供给外部 FTP、WWW、Telnet 服务。

### 三、NAT 的优缺点

使用 NAT 有很多的优点:

最大的优点是可以显著地节省公网 IP 地址,缓解 IP 地址资源匮乏的问题;

减少和消除地址冲突发生的可能性;

小型网络可以通过 NAT 的方式,使得私有网络灵活地接入 Internet;

对外界隐藏内部网络的结构,维持局域网的私密性。

NAT 在带来优点的同时,也带来了不少缺点:

使用 NAT 必然要引入额外的延迟;

丧失端到端的 IP 跟踪能力;

一些特定应用可能无法正常工作,如地址转换对于报文内容中含有有用的地址信息的情况很难处理;

地址转换由于隐藏了内部主机地址,有时候会使网络调试变得复杂。

## 4.2.2　NAT 工作原理以及方式

微课:NAT
工作原理

### 一、NAT 工作原理

在连接内部网络与外部公网的路由器上,NAT 将内部网络中主机的内部局部地址转换为合法的可以出现在外部公网上的内部全局地址来响应外部世界寻址。其中:

内部或外部:它反映了报文的来源。内部局部地址和内部全局地址表明报文是来自内部网络。

局部或全局:它表明地址的可见范围。局部地址是在内部网络中可见,全局地址则在外部网络上可见。因此,一个内部局部地址来自内部网络,且只在内部网络中可见,不需经过 NAT 进行转换;内部全局地址来自内部网络,但却在外部网络可见,需要经过 NAT 转换。

如图 4-7 所示,10.1.1.1 这台主机想要访问公网上的一台主机 177.20.7.3。在 10.1.1.1 主机发送数据的时候源 IP 地址是 10.1.1.1,在通过路由器的时候将源地址由内部局部地址 10.1.1.1 转换成内部全局地址 199.168.2.2 发送出去。

从主机 B 上回发的数据包,目的地址是主机 10.1.1.1 的内部全局地址 199.168.2.2,在通过路由器向内部网络发送的时候,将目的地址改成内部局部地址 10.1.1.1。

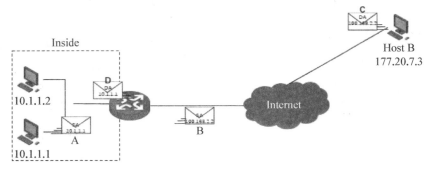

图 4-7　地址转换示意图

## 二、NAT 的分类

NAT 工作方式主要包括四大类:静态 NAT、动态 NAT、NAPT 多对一和 Easy IP。

### 1. 静态 NAT

一对一转换是对于一个内部地址主机对外访问时与一个外部合法的 IP 地址对应。保持一对一的关系,如果内部主机数量多于合法外部 IP 地址数量,当所有的外部合法地址被占用后,其他内部主机将无法对外访问。

静态 NAT 工作过程如图 4-8 所示,内部局部地址和内部全局地址是一一对应的。其通信过程如下所示:

① R1 上根据要求,静态指定内外网转换关系。如:内网 IP 地址 192.168.1.1 转换成外网 IP 地址 202.110.1.1 等。

② PC1 发送数据至 PC3,PC1 产生源地址为 192.168.1.1 的数据包,发送至 R1。

③ R1 根据数据包中目的网段(202.110.10.0)查找路由表,发现目的网络可达,这时 R1 将查找 NAT 地址转换表,发现 192.168.1.1 需要转换为 202.110.1.1,此时,数据包源地址变为 202.110.1.1 重新封装,继续转发至 PC3。

④ PC3 收到来自 202.110.1.1 发送过来的报文,产生回复报文,源 IP 地址为202.110.10.200,目的 IP 为 202.110.1.1,路由传递至 R1。

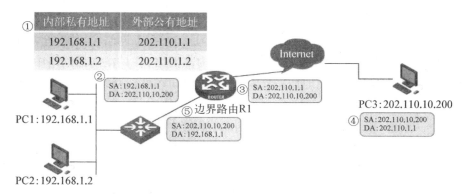

图 4-8　静态 NAT 工作流程示意图

⑤ R1 根据目的 IP 202.110.1.1 查找 NAT 地址转换表,将地址重新封装成 192.168.1.1 后回传,完成整个报文传输。

### 2. 静态 NAPT

静态 NAPT 多对一转换是指在路由器中以"地址＋端口"的形式将内网 IP 地址及端口固定地转换成外网 IP 地址及端口,可实现多对一的关系,适用于外网用户访问内部特定服务的场景。如同一公网地址 202.110.1.1:80 可访问校园内网 WEB 服务器;202.110.1.1:21 端口访问校园内网 FTP 可以实现公网地址的复用,达到节约地址的目的。

静态 NAPT 工作过程如图 4-9 所示,内部局部地址和内部全局地址将结合 TCP 或 UDP 端口号实现多对一对应的。其通信过程如下所示:

① R1 上根据要求,静态指定内外网转换关系。例如,内网 IP 地址 192.168.1.1:21 转换成外网 IP 地址 202.110.1.1:21 等。

② PC3 需要访问内网 FTP 服务器 PC1,PC3 产生源地址为 202.110.1.1:21 的数据包,根据公网路由表发送至 R1。

③ R1 查找 NAT 地址转换表,发现公网 IP＋端口:202.110.1.1:21 对应内网 IP＋端口 192.168.1.1:21,此时,数据包目的地址转换为 192.168.1.1:21 重新封装,继续转发至 PC1。

④ PC1 收到来自 202.110.10.200 发送过来的报文,产生回复报文,源 IP 地址为 192.168.1.1:21,目的 IP 为 202.110.10.200,路由传递至 R1。

⑤ R1 根据数据包中目的网段(202.110.10.0)查找路由表,发现目的网络可达,这时 R1 将查找 NAT 地址转换表,将地址重新封装成 202.110.1.1:21 回传,完成整个报文传输。

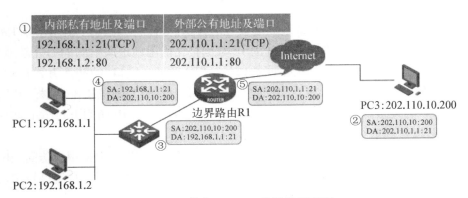

图 4-9　静态 NAPT 工作流程示意图

### 3. 动态 NAT

动态 NAT 是指对于一个内部地址主机对外访问时与一个外部合法的 IP 地址对应。保持一对一的关系,如果内部主机数量多于合法外部 IP 地址数量,当所有的外部合法地址被占用后,其他内部主机将无法对外访问。

动态 NAT 工作过程如图 4-10 所示,内部局部地址和内部全局地址是一一对应的。

其通信过程如下所示：

① PC1 发送数据至 PC3，PC1 产生源地址为 192.168.1.1 的数据包，发送至 R1。

② R1 根据数据包中目的网段（202.110.10.0）查找路由表，发现目的网络可达，这时 R1 将查找 NAT 地址转换表。R1 根据 PC1 访问请求，动态生成内外网转换关系，如：内网 IP 地址 192.168.1.1 转换成外网 IP 地址 202.110.1.1 等。

③ 路由器 R1 根据生成的转换表将数据包源地址变为 202.110.1.1 重新封装，继续转发至 PC3。

④ PC3 收到来自 202.110.1.1 发送过来的报文，产生回复报文，源 IP 地址为 202.110.10.200，目的 IP 为 202.110.1.1，路由传递至 R1。

⑤ R1 根据目的 IP 202.110.1.1 查找 NAT 地址转换表，将地址重新封装成 192.168.1.1 后回传，完成整个报文传输。

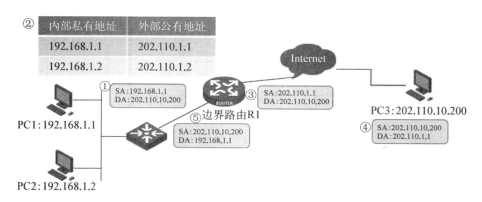

图 4 - 10　动态 NAT 工作流程示意图

### 4. 动态 NAPT

动态 NAPT 是一种映射 IP 地址和端口号的技术，可以将私网 IP 和私网端口映射到公网 IP 和公网端口，即将带有内部地址的 IP 数据报文的源地址映射到同一外部地址，同时将这些源地址的源端口号转换为不同端口号。"IP 地址＋端口"的转换方式相对灵活，每个 IP 地址都可以借助 TCP 和 UDP 的端口（1 024～65 535）随机搭配，这样 IP 地址可以实现多对一的关系，可较好实现校园内网用户借助少数公网 IP 访问 Internet，实现公网地址的复用，以达到节约地址的目的。

动态 NAPT 工作过程如图 4 - 11 所示，PC1 传送数据到 PC3，根据用户访问外网的需求将内部本地地址从内部全局地址（地址池）结合该地址的 TCP 或 UDP 端口号实现多对一对应。其通信过程如下所示：

① PC1 访问 PC3，PC1 上随机匹配 TCP 端口 1028，形成源地址：192.168.1.1:1028 的数据，该数据传输至边界路由器 R1 上；根据要求，静态指定内外网转换关系。如：内网 IP 地址 192.168.1.1:21 转换成外网 IP 地址 202.110.1.1:21 等。

② R1 根据数据包中目的网段（202.110.10.0）查找路由表，发现目的网络可达，这时 R1 将查找 NAT 地址转换表，发现公网 IP＋端口：202.110.1.1:21 对应内网 IP＋端口 192.168.1.1:21。此时，数据包目的地址转换为 192.168.1.1:21 重新封装，继续转发

至 PC1。

③ R1 查找 NAT 地址转换表，根据 PC1 的访问请求，从地址池中随机匹配全局本地地址，形成新的地址转换关系：内网 IP＋端口 192.168.1.1：1028 对应，公网 IP＋端口 202.110.1.1：1028 对应。此时，数据包目的地址转换为 202.110.1.1：1028 重新封装，转发至公网。

④ PC3 收到来自 202.110.1.1 的数据报文，产生回复报文，源 IP 地址为 202.110.10.200，目的 IP 为 202.110.1.1：1028，并将数据路由传递至 R1。

⑤ R1 根据数据包中目的 IP 为 202.110.1.1：1028 的内部全局地址后，查找 NAT 地址转换表，将地址重新封装成 192.168.1.1：1028 回传，完成整个报文传输。

动态 NAPT 的内外网"IP＋端口"映射关系为临时关系，又内网用户外网访问触发。该地址转换功能和路由器中的路由协议无替代关系。

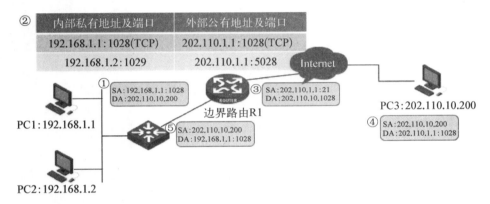

图 4-11　动态 NAPT 工作流程示意图

 提示

Easy IP 利用端口号来识别不用的私网地址。NAPT 的特例：无需创建公网地址池，直接将内网私有地址转换为出接口的公网 IP 地址，Easy IP 同样会创建并维护一张 NAT 地址转换表，适用于小规模局域网的访问场景。

 操作练习

文本：
NAT 配置

**静态 NAT 配置**

根据图 4-12 静态 NAT 配置的网络拓扑，在路由器上配置静态 NAT 实现内外网公网和私网地址的一对一的相互转换。

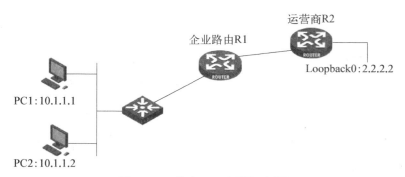

图 4‑12 静态 NAT 配置示例图

1. 配置路由器接口地址

```
/*在路由器上配置 IP 地址*/
[R1]int LoopBack 0
[R1-LoopBack0]ip add 1.1.1.1 32
[R1]inter gig0 /0 /0
[R1-GigabitEthernet0 /0 /0]ip add 10.1.1.254 24
[R1]inter gig0 /0 /1
[R1-GigabitEthernet0 /0 /1]ip add 202.110.1.1 24
```

2. 创建 NAT 静态映射条目

```
/*在路由器上外网接口创建静态映射条目*/
[R1-GigabitEthernet0 /0 /1]nat static global 202.110.1.2 inside 10.1.1.2
/*查看静态 NAT 配置信息*/
[R1]dis nat static
 Static Nat Information:
 Interface   : GigabitEthernet0 /0 /1
   Global IP /Port    : 202.110.1.2 /----
   Inside IP /Port    : 10.1.1.2 /----
   Protocol : ----
   VPN instance-name   : ----
   Acl number          : ----
   Netmask  : 255.255.255.255
   Description : ----

 Total :   1
```

在路由器外网接口设定静态地址转换条目。其中,Global 为全局合法地址,Inside 为内网私有地址。

3. 静态 NAT 连通性测试

```
/*PC1 上做连通性测试*/
```

```
PC1 > ping 202.110.1.10
Ping 202.110.1.10: 32 data bytes, Press Ctrl_C to break
Request timeout!

° ° °

--- 202.110.1.10 ping statistics ---
  5 packet(s) transmitted
  0 packet(s) received
  100.00% packet loss
/* 在 PC2 上做联通性测试 */
PC- ping 202.110.1.10

Ping 202.110.1.10: 32 data bytes, Press Ctrl_C to break
From 202.110.1.10: bytes = 32 seq = 1 ttl = 254 time = 63 ms

° ° °

--- 202.110.1.10 ping statistics ---
  5 packet(s) transmitted
  5 packet(s) received
  0.00% packet loss
/* 在 PC2 上做 2.2.2.2 联通性测试 */
PC1>ping 2.2.2.2
Ping 2.2.2.2: 32 data bytes, Press Ctrl_C to break
Request timeout!

° ° °
```

　　我们分别借助 PC1 和 PC2 对 R2 直连接口做 ping 测试,发现做了地址转换的 PC2 可以访问 R2,而未做转换的 PC1 无法访问 R2,因为在 R2 上发现 202.110.1.10 是可达主机,PC1 的信息在 NAT 地址转换表中未查找到信息,所以无法访问;在 PC2 可以 ping 通 202.110.1.10 的前提下我们又进一步对于 2.2.2.2 的地址做 ping 测试,发现 PC2 无法访问 2.2.2.2,说明转换无法代替路由功能,

　　4. 配置路由器缺省路由

```
/* 在路由器上配置缺省路由 */
[R1]ip route - static 0.0.0.0 0 202.110.1.10
```

　　R1 上做完缺省路由,下面再进行连通性测试。

　　5. 连通性测试

```
/* 在 PC2 上做 2.2.2.2 联通性测试 */
PC1 > ping 2.2.2.2
Ping 2.2.2.2: 32 data bytes, Press Ctrl_C to break
```

```
From 2.2.2.2: bytes = 32 seq = 1 ttl = 254 time = 63 ms
。。。

--- 202.110.1.10 ping statistics ---
  5 packet(s) transmitted
  5 packet(s) received
  0.00% packet loss
```

此时,大家可以看到原本无法到达的 2.2.2.2,现在可以正常访问。

### 二、动态 NAT 配置

根据图 4-13 动态 NAT 配置的网络拓扑,在路由器上配置动态 NAT 实现内外网公网和私网地址的多对多的相互转换。

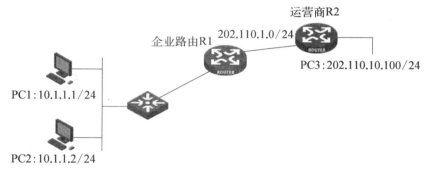

图 4-13　动态 NAT 配置示例图

1. 配置路由器接口地址

```
/*路由器上接口配置*/
[R1]int LoopBack 0
[R1-LoopBack0]ip add 1.1.1.1 32
[R1]inter gig0/0/0
[R1-GigabitEthernet0/0/0]ip add 10.1.1.254 24
[R1]inter gig0/0/1
[R1-GigabitEthernet0/0/1]ip add 202.110.1.1 24
/*查看路由器接口配置*/
[R1]dis ip inte brief
```

| Interface | IP Address /Mask | Physical | Protocol |
| --- | --- | --- | --- |
| GigabitEthernet0/0/0 | 10.1.1.254 /24 | up | up |
| GigabitEthernet0/0/1 | 202.110.1.1 /24 | up | up |
| GigabitEthernet0/0/2 | unassigned | down | down |
| LoopBack0 | 1.1.1.1 /32 | up | up(s) |
| NULL0 | unassigned | up | |

R2 接口配置略。

2. 配置路由器缺省路由

```
/* 在路由器上配置缺省路由 */
[R1]ip route-static 0.0.0.0 0 202.110.1.10
```

R1 上完成缺省路由配置。

3. 动态 NAT 相关配置

```
/* 在路由器上配置 NAT 地址池 */
[R1]nat address-group 1 202.110.1.10 202.110.1.20
/* 在路由器上创建 ACL 用于匹配允许 NAT 的内网地址 */
[R1]acl 2000
[R1-acl-basic-2000]rule 5 permit source 10.1.1.0 0.0.0.255
[R1-acl-basic-2000]q
/* 在外网接口上关联内外网地址 */
[R1]inte gig0/0/1
[R1-GigabitEthernet0/0/1]nat outbound 2000 address-group 1 no-pat
```

nat address-group 创建 NAT 地址池,202.110.1.10 为地址池的开始地址,202.110.1.20 为地址池结束地址。

acl 2000 为设定基本访问控制列表,指定内网私有地址段,permit source 10.1.1.0,代表允许内网该网段用户实施地址转换。

在外网接口处将代表内网的 ACL 与代表外网地址池建立关联。其中,no-pat 代表是否支持端口转换,如启用代表开启动态一对一模式,如省略代表启用动态多对一模式。

4. 查看动态 NAT 配置

```
/* 在路由器上查看 NAT 配置 */
[R1]dis nat address-group 1
NAT Address-Group Information:
------------------------------------------
Index  Start-address    End-address
------------------------------------------
1      202.110.1.10     202.110.1.20
------------------------------------------
Total : 1
```

5. 连通性测试

```
/* 在 PC1 上做 202.110.10.100 联通性测试 */
PC > ping 202.110.10.100
Ping 202.110.10.100: 32 data bytes, Press Ctrl_C to break
From 202.110.10.100: bytes = 32 seq = 1 ttl = 255 time = 62 ms
```

```
°°°

--- 202.110.10.100 ping statistics ---
  5 packet(s) transmitted
  5 packet(s) received
  0.00 % packet loss
  round - trip min /avg /max = 31 /43 /62 ms
/ * 在 PC2 上做 202.110.10.100 联通性测试 * /
PC - ping 202.110.10.100
Ping 202.110.10.100: 32 data bytes, Press Ctrl_C to break
From 202.110.10.100: bytes = 32 seq = 1 ttl = 255 time = 62 ms

°°°

--- 202.110.10.100 ping statistics ---
  5 packet(s) transmitted
  5 packet(s) received
  0.00 % packet loss
  round - trip min /avg /max = 31 /43 /62 ms
```

此时,在 PC1 和 PC2 上都可以借助 NAT 转换表实现对外网的访问。

### 三、PAT 配置

根据图 4 - 14 端口 PAT 配置的网络拓扑,在路由器上配置 PAT 实现私网地址和公网的多对一的转换。

图 4 - 14  Easy IP 配置示例图

1. 配置路由器接口地址

```
/ * 在路由器上配置 IP 地址 * /
< Huawei > system-view
    [Huawei]sysname R1
```

```
[R1]interface gig0 /0 /0
[R1 - GigabitEthernet0 /0 /0]ip add 192.168.1.254 24
[R1 - GigabitEthernet0 /0 /0]quit
[R1]interface gig0 /0 /1
[R1 - GigabitEthernet0 /0 /1]ip add 200.1.1.1 24
[R1 - GigabitEthernet0 /0 /1]quit
```

### 2. Easy IP 配置

```
/ * 在路由器上创建 ACL 用于匹配允许 NAT 的内网地址 * /
[R1]acl 2000
[R1 - acl - basic - 2000]rule 5 permit source 10.1.1.0 0.0.0.255
[R1 - acl - basic - 2000]q
/ * 在外网接口上关联内外网地址 * /
[R1]inte gig0 /0 /1
[R1 - GigabitEthernet0 /0 /1]nat outbound 2000
```

　　校园内网 10.1.1.0 网络，可以通过使用端口多路复用，达到一个公网地址对应多个私有地址的一对多转换。在这种工作方式下，无需设定公网地址池，内部网络的所有主机均通过一个接口 IP 地址实现对 Internet 的访问，来自不同内部主机的流量用不同的随机端口进行标示，从而可以最大限度地节约 IP 地址资源。同时，又可隐藏网络内部的所有主机，有效避免来自 Internet 的攻击。因此，目前网络中应用最多的就是端口多路复用方式。

 课前准备

| 课前学习任务单(建议 1 小时) | |
| --- | --- |
| 学习目标 | —理解 NAT 地址转换的机制<br>—熟悉静态 NAT(及 NAT 端口映射)<br>—熟悉动态 NAT(地址池)<br>—熟悉 PAT 的配置 |
| 任务内容 | —知识学习:NAT 工作机制<br>—范例学习:静态 NAT 配置过程<br>—完成考核任务 |
| 范例学习 | —网络搭建<br>—设备参数配置<br>—输入测试命令<br>—记录结果 |
| 课前任务考核 | —考核方式:线上【讨论区】<br>—考核要求Ⅰ:配置操作截图 3~4 幅<br>—考核要求Ⅱ:在讨论区发言 1 条,为提问、总结或配置体会等 |

## 1. 基础训练(难度、任务量小)

| 基础任务单 | | | | | |
|---|---|---|---|---|---|
| 任务名称 | 静态 NAT 配置 | | | | |
| 涉及领域 | 静态 NAT | | | | |
| 任务描述 | —路由器接口配置<br>—缺省路由的配置<br>—静态 NAT 配置 | | —测试网络连通性<br>—测试采用 NAT 静态 IP 映射 | | |
| 工程人员 | | 项目组 | | 工号 | |
| 操作须知 | —设备摆放、连线规范。<br>—设备配置要保存。<br>—拓扑文件要保存。<br>—修改设备和主机名称。 | | | | |
| 任务内容 | —搭建如图 4-15 所示网络,根据表 4-4 填写的 IP 参数,本任务所选 2 台 PC、1 台边界路由器、1 台 Internet 路由器<br><br>运营商R2<br>企业路由R1<br>Loopback0:2.2.2.2<br>PC1:10.1.1.1<br>PC2:10.1.1.2<br><br>图 4-15　基础任务单网络拓扑<br><br>—PC 数据配置:<br>　■ IP 地址和掩码配置。<br>—网关地址配置。<br>—边界路由器配置:<br>　■ 更改设备名称。<br>　■ 接口创建及配置 IP 地址、子网掩码。<br>　■ 路由的配置。<br>　■ 静态地址转换配置。<br>　■ NAT 内部和外部接口配置。<br>　■ 使用查看 NAT 映射。<br>—internet 路由器配置:<br>　■ 更改设备名称。<br>　■ 接口创建及配置 IP 地址、子网掩码。<br>—验证测试:<br>　■ 使用 ping 命令测试 Internet 路由器和 PC 之间的连通性。<br>　■ 在边界路由器查看 NAT 映射。 | | | | |

| 网络编址 | —根据网络拓扑图 4-15 设计网络设备的 IP 编址,填写表 4-4 所示地址表,根据需要填写,不需要的填写"×"。 |||||

表 4-4　设备配置地址表

| 设备 | 接口 | IP 地址 | 子网掩码 | 网关 |
|------|------|---------|----------|------|
| PC1 | E0 | | | |
| PC2 | E0 | | | |
| 路由器 R1 | Loopback0 | | | |
| | GE0/0/0 | | | |
| 路由器 R2 | Loopback0 | | | |
| | GE0/0/0 | | | |

| 验收结果 | —网络搭建情况、参数设计。<br>—查看路由器的 IP 信息、NAT 映射信息并记录。<br>—测试路由器和主机之间的连通性。 |

文本:进阶
任务单

## 2. 进阶训练(难度、任务量大)

| 进阶任务单 ||
|------|------|
| 任务名称 | 动态 NAT & NAPT |
| 涉及领域 | 动态 NAT 地址转换、NAPT |
| 任务描述 | —二层交换机 VLAN 配置<br>—出口路由器地址池配置<br>—2 台路由器路由配置<br>—测试网络连通性<br>—查看 NAT 映射结果 |

| 工程人员 | | 项目组 | | 工号 | |
|------|------|------|------|------|------|

| 操作须知 | —设备摆放、连线规范。<br>—设备配置要保存。<br>—拓扑文件要保存。<br>—修改设备和主机名称。<br>—评估网络策略并规划 ACL 实施。<br>—配置动态 NAPT & NAT。 |
| 任务内容 | —搭建如图 4-16 所示网络,根据表 4-5 填写的 IP 参数,本任务所选路由器设备为 3 台 1841,3 台 PC。S2-1,3 台 S2950 为二层交换机,PC3 为实验机房教师机,PC1、PC2 为实验室学生机。 |

续　表

图 4-16　进阶任务单网络拓扑

—路由器配置：
- 更改设备名称。
- 路由器接口创建及配置 IP 地址、子网掩码。
- 路由的配置。
- 配置 NAT 地址池。
- NAT 内部和外部接口配置。

—PC 的配置：
- PC1、PC2 和 PC3 的 IP 地址、掩码、网关配置。

—Internet 路由器的配置：
- 更改设备名称。
- 路由器接口创建及配置 IP 地址、子网掩码。
- 路由的配置。

—验证测试：
- 验证全网路由连通性。
- 验证 NAT 结果。

| 网络编址 | —根据网络拓扑图 4-16 设计网络设备的 IP 编址，填写表 4-5 所示地址表，根据需要填写，不需要的填写"×"。 |

表 4-5　设备配置地址表

| 设备 | 接口 | IP 地址 | 子网掩码 | 网关 |
|---|---|---|---|---|
| PC1 | E0 | | | |
| PC2 | E0 | | | |
| PC3 | E0 | | | |
| 路由器 R1 | Loopback0 | | | |
| | GE0/0/0 | | | |
| 路由器 R2 | Loopback0 | | | |
| | GE0/0/0 | | | |

| 验收结果 | —网络搭建情况、参数设计。<br>—测试主机之间的连通性。<br>—验证 NAT 结果，并记录截图。 |

# 4.3　VPN 之 GRE

### 需求分析

伴随学校发展,各高校陆续出现多校区现象。学校本部在老城区,新校址在大学城,服务器设在学校本部。图 4-17 为某校园网本部和分部连接图,该校园本部有一台服务器,地址为 172.16.1.2/24,学校分部 172.16.2.0/24 网络需要访问本部的服务器。私网地址无法在公网中出现,出于安全考虑,学校本部和分部之间分别使用 NAT 地址转换技术借助 Internet 互访。这样虽然可以解决互联互通问题,但也增加了两端间的延迟,影响用户的访问效果。本节将研讨多园区私网互联问题解决方案。

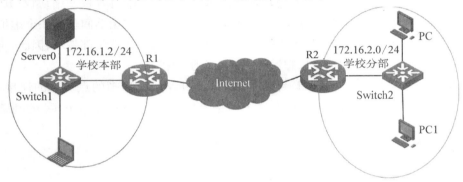

**图 4-17　多园区校园网拓扑图**

### 知识学习

## 4.3.1　VPN 技术简介

虽然使用 NAT 方法可以实现,能不能在本部和分部之间直接拉一根"网线"满足这种需求。直接拉线解决,受限于成本及可行性等诸多因素影响,不如虚拟一条这样的线路出来,感觉真的把两个私有网络连接一起一样,而这个技术就是 VPN(Virtual Private Network,虚拟私有网络)。

而这个技术和核心就是在于如构建这线路,这条线路被形象地称为隧道(Tunnel)技术,如图 4-18 所示,就像在错综复杂的网络中打了一条隧道一样,把两个校区连接在一起,隧道的出口,就是两个学校出口路由器的公网 IP 地址(因为两边都是公网 IP,所以它们是互相可达的,这是构建隧道的前提)。经过以上分析我们可以得出,隧道就好比是一条直连的网线,把路由器连接了起来,所以路由器上还要有两个虚拟的接口(tunnel 接口),然后再在这两个虚拟接口上配置同网段的 IP 地址。

图 4－18　VPN 网络拓扑示意图

### 4.3.2　GRE 技术

微课：GREVPN
原理

#### 一、GRE 简介

GRE 是一项由 Cisco 公司开发的轻量级隧道协议，它能够将各种网络协议（IP 协议与非 IP 协议）封装到 IP 隧道内，并通过 IP 互联网络在 Cisco 路由器间创建一个虚拟的点对点隧道链接。将 GRE 称为轻量级隧道协议的主要原因是 GRE 头部较小，因此，用它封装数据效率高，但 GRE 也有缺点，它没有任何安全防护机制。

GRE 是一种三层隧道（tunnel）封装技术，Tunnel 是一个虚拟的点对点的连接，提供了一条通路，使封装的数据报文能够在这个通路上传输，并且在一个 Tunnel 的两端分别对数据报进行封装及解封装。

#### 二、GRE 的封装结构

GRE 封装后的数据主要由 4 个部分组成。其中内层 IP 头部和内层实际传递数据为封装负载（封装之前的数据包），在内层 IP 头部之前添加一个 GRE 头部，再在 GRE 头部之前，添加一个全新的外层 IP 头部，从而实现 GRE 技术对原始 IP 数据包的封装。其封装结构如图 4－19 所示，GRE 报文结构如图 4－20 所示：

| 外层 IP 头部<br>（封装设备间公网地址） | GRE 头部 | 内层 IP 头部<br>（实际通信设备间地址） | 内层实际传递数据 |
| --- | --- | --- | --- |

图 4－19　GRE 封装结构

其中，GRE 报头封装：Ethernet2/ IPv4（公网地址）/ GRE/ IPv4（私网地址）/ Payload/ FCS。

| 0 | 1 | 2 | 3 | 4 | 5 | 6 | 7 | 8 | 9 | 10 | 11 | 12 | 13 | 14 | 15 | 16～23 | 24～31 |
| --- | --- | --- | --- | --- | --- | --- | --- | --- | --- | --- | --- | --- | --- | --- | --- | --- | --- |
| C | R | K | S | s | 递归控制 | | | 标志位 | | | | | 版本 | | | 协议类型 | |
| 校验和（可选） | | | | | | | | | | | | | | | | 偏离（可选） | |
| 密钥（可选） | | | | | | | | | | | | | | | | | |
| 序列号（可选） | | | | | | | | | | | | | | | | | |
| 路由（可选） | | | | | | | | | | | | | | | | | |

图 4－20　GRE 报文结构

①　C—校验和标志位。如配置了 checksun,则该位置为 1,同时校验和(可选)、偏离(可选)部分的共 4 bytes 出现在 GRE 头部;如不配置 checksun,则该位置为 0,同时校验和(可选)、偏离(可选)部分不出现在 GRE 头部。

②　R—路由标志位。如 R 为 1,校验和(可选)、偏离(可选)、路由(可选)部分的共 8 bytes 出现在 GRE 头部;如 R 为 0,校验和(可选)、偏离(可选)、路由(可选)部分不出现在 GRE 头部。

③　K—密钥标志位。如配置了 KEY,则该位置为 1,密钥(可选)部分出现在 GRE 头部;如不配置 KEY,则该位置为 0,密钥(可选)部分不出现在 GRE 头部。

④　S—序列好同步标志位。如配置了 sequence-datagrams,则该位置为 1,同时序列号(可选)部分的共 4 bytes 出现在 GRE 头部;如不配置 sequence-datagrams,则该位置为 0,同时序列号(可选)部分不出现在 GRE 头部。

⑤　s:严格源路由标志位。所有的路由都符合严格源路由,该位为 1,通常为 0。

⑥　递归控制:该位置需为 0。

⑦　标志位:未定义,需为 0。

⑧　版本:需为 0。

⑨　协议类型:常用的协议,例如 IP 协议为 0800。

### 4.3.3　GRE 的封装过程

一个 X(表示任意一种)协议的报文要想穿越 IP 网络在 Tunnel 中传输,必须要经过加封装与解封装两个过程,下面以图 4-21 的网络为例说明隧道封装的过程。

图 4-21　X 协议网络通过 GRE 隧道互连

加封装过程:

①　Router A 连接 Group 1 的接口收到 X 协议报文后,首先交由 X 协议处理;

②　X 协议检查报文头中的目的地址域来确定如何路由此包;

③　若报文的目的地址要经过 Tunnel 才能到达,则设备将此报文发给相应的 Tunnel 接口;

④　Tunnel 口收到此报文后进行 GRE 封装,然后再封装 IP 报文头,设备根据此 IP 包的目的地址及路由表对报文进行转发,从相应的网络接口发送出去。

解封装过程:解封装过程和加封装的过程相反。

①　Router B 从 Tunnel 接口收到 IP 报文,检查目的地址;

②　如果发现目的地是本路由器,则 Router B 剥掉此报文的 IP 报头,交给 GRE 协议处理(进行检验密钥、检查校验和及报文的序列号等);

③　GRE 协议完成相应的处理后,剥掉 GRE 报头,再交由 X 协议对此数据报进行后续的转发处理。

### 4.3.4　GRE 的应用场景

简要介绍几种 GRE 应用场景：

#### 一、多协议的本地网通过单一协议的骨干网传输

如图 4-22 所示，Group 1 和 Group 2 是运行 Novell IPX 协议的本地网，Team 1 和 Team 2 是运行 IP 协议的本地网。通过在 Router A 和 Router B 之间采用 GRE 协议封装的隧道(Tunnel)，Group 1 和 Group 2、Team 1 和 Team 2 可以互不影响地进行通信。

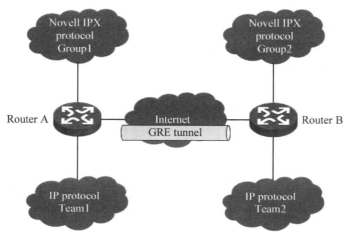

**图 4-22　多协议本地网通过单一协议骨干网传输**

#### 二、本地网扩大范围传输

如图 4-23 所示，两台终端 Host A 和 Host B 之间的步跳数超过 15，它们将无法通信，而通过在网络中使用隧道(Tunnel)可以隐藏一部分步跳，从而扩大网络的工作范围。

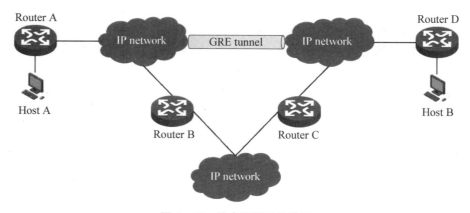

**图 4-23　扩大网络工作范围**

### 三、不能连续的子网间连接

如图 4 - 24 所示，运行 Novell IPX 协议的两个子网 Group 1 和 Group 2 分别在不同的城市，通过使用隧道可以实现跨越广域网的 VPN。

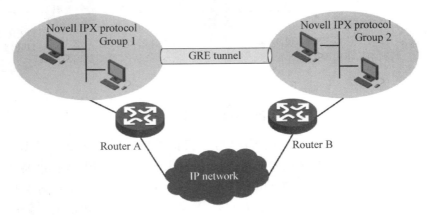

**图 4 - 24　Tunnel 连接不连续子网**

### 四、与 IPSec 结合使用

如图 4 - 25 所示，对于诸如路由协议、语音、视频等数据先进行 GRE 封装，然后再对封装后的报文进行 IPSec 的加密处理.。

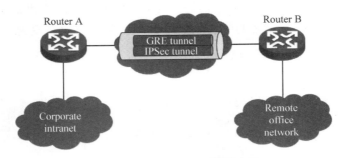

**图 4 - 25　GRE - IPSec 隧道应用**

 操作练习

### 校园 GRE 实验配置

根据图 4 - 26 所示，有 3 台路由器，由左至右分别模拟学校本部（Site1）、Internet 路由器（Internet）和学校分部（Site2），路由器 Site1 和 Site2 分别使用 Loopback0 模拟学校内部网络，路由器 Site1 和 Internet 使用接口 GE0/0/0 实现对接，路由器 Internet 和 Site2 使用接口 GE0/0/1 实现对接。

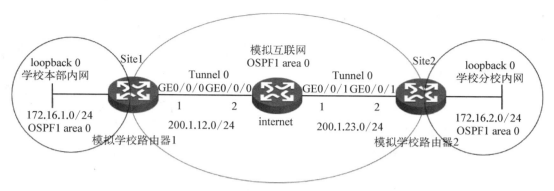

图 4 - 26　GRE 实验拓扑连线图

在图 4 - 26 中,路由器 Site1 和 Site2 分别模拟学校的两个站点,172.16.1.0/24 和 172.16.2.0/24 分别模拟两个站点内部网络,路由器 Internet 模拟服务提供商路由器。本实验的目标就是通过 GRE 技术在 Site1 和 Site2 两个站点间建立一个点对点 GRE 隧道,并在 GRE 的隧道口上运行动态路由协议(OSPF),以学习彼此的内部网络路由。两个站点之间的流量通过 GRE 隧道封装穿越 Internet。

在 Site1 内部网络,数据包还未被 GRE 封装,源 IP 为 172.16.1.1(站点 1 内部 PC),目的为 172.16.2.1(站点 2 内部 PC),紧接着是内层数据。考虑到安全性等因素,这样的数据包显然不能直接在 Internet 上传输。在 Site1 和 Site2 之间的传输链路上,对数据包进行 GRE 封装,即在原始数据包外面增加一个 GRE 头部和一个外层 IP 头部,外层 IP 头部的源和目的分别是 Site1 和 Site2 两台路由器的公网 IP 地址:200.1.1.1 和 200.1.2.2。GRE 封装后的数据包抵达 Site2 后被解封装,并在 Site2 网络内部再次表现为 IP 为 172.16.1.1、目的为172.16.2.1的 IP 数据包。

1. 路由器接口配置

```
/* 在路由器上 R1 配置接口地址及路由 */
[Huawei]sys R1
[R1]inter LoopBack 0
[R1-LoopBack0]ip add 172.16.1.1 24
[R1-LoopBack0]q
[R1]inte GigabitEthernet 0 /0 /0
[R1-GigabitEthernet0 /0 /0]ip add 200.1.12.1 24
[R1-GigabitEthernet0 /0 /0]q
```

R2 和 R3 接口配置略。

2. 路由器网络配置

```
/* 在路由器 R1 上配置 ospf 协议 */
[R1]ospf 1 router - id 200.1.12.1
```

```
[R1 - ospf - 1]area 0
[R1 - ospf - 1 - area - 0.0.0.0]net 200.1.12.1 0.0.0.255
```

R2 和 R3 的 OSPF 配置略。

3. 查看路由配置

```
/ * 在路由器 R1 上配置 ospf 协议 * /
< R1 > dis ospf peer
   OSPF Process 1 with Router ID 200.1.12.1
     Neighbors
Area 0.0.0.0 interface 200.1.12.1(GigabitEthernet0 /0 /0)'s neighbors
Router ID: 2.2.2.2          Address: 200.1.12.2
   State: Full   Mode:Nbr is  Slave  Priority: 1
   DR: 200.1.12.2  BDR: 200.1.12.1  MTU: 0
/ * 在路由器 R1 查看路由表 * /
< R1 > display ip routing - table
Route Flags: R - relay, D - download to fib
Destination /Mask      Proto  Pre  Cost      Flags NextHop        Interface
     2.2.2.2 /32    OSPF    10   1          D   200.1.12.2      GE0 /0 /0
   200.1.12.0 /24   Direct   0   0          D   200.1.12.1      GE0 /0 /0
   200.1.23.0 /24   OSPF    10   2          D   200.1.12.2      GE0 /0 /0
```

R2 和 R3 的 OSPF 配置略。

4. 配置路由器 site2 接口地址与默认路由

```
/ * 在路由器 R1 上配置 GRE 隧道 * /
[R1]inter Tunnel 0 /0 /0
[R1 - Tunnel0 /0 /0]ip address 200.100.1.1 255.255.255.0
[R1 - Tunnel0 /0 /0]tunnel - protocol gre
[R1 - Tunnel0 /0 /0]source 200.1.12.1
[R1 - Tunnel0 /0 /0]destination 200.1.23.2
```

interface Tunnel0/0/0,创建编号为 0 隧道;隧道本端地址为 200.100.1.1 ;指定隧道类型为 GRE 隧道类型;并指明隧道两端的公网地址分别为:本端为 200.1.12.1(GE0/0/0 接口地址)、对端为 200.1.23.2(R3GE0/0/1 接口地址)。R3 配置雷同,只需将 source 及 destination 地址互换即可。

5. 查看隧道建立情况

```
/ * 在路由器 R1 上查看 GRE 隧道 * /
< R1 > dis tunnel - info all
 * -> Allocated VC Token
```

| Tunnel ID | Type | Destination | Token |
|-----------|------|-------------|-------|
| 0x1 | gre | 200.1.23.2 | 1 |

/ * 在路由器 R1 上查看 GRE 隧道 * /

< R1 > dis interface Tunnel 0 /0 /0

Tunnel0 /0 /0 current state : UP

Line protocol current state : UP

Last line protocol up time : 2021 - 01 - 23 15:09:02 UTC - 08:00

Description : 200.1.23.2

Route Port, The Maximum Transmit Unit is 1500

Internet Address is 200.100.1.1 /24

Encapsulation is TUNNEL, loopback not set

**Tunnel source 200.1.12.1 (GigabitEthernet0/0/0), destination 200.1.23.2**

**Tunnel protocol/ transport GRE/ IP**, key disabled

/ * 在路由器 R1 上 ping 命令测试 GRE 隧道连通性 * /

[R1]ping − a 200.100.1.1 200.100.1.2

  PING 200.100.1.2: 56   data bytes, press CTRL_C to break

  **Reply from 200.100.1.2: bytes = 56 Sequence = 1 ttl = 255 time = 50 ms**

  。。。

 --- 200.100.1.2 ping statistics ---

   5 packet(s) transmitted

   **5 packet(s) received**

   0.00 % packet loss

   round − trip min /avg /max = 30 /36 /50 ms

/ * 在路由器 R1 上 ping 命令测试私网地址连通性 * /

[R1]ping − a 172.16.1.1 172.16.2.1

  PING 172.16.2.1: 56   data bytes, press CTRL_C to break

  **Request time out**

  。。。

 --- 172.16.2.1 ping statistics ---

   5 packet(s) transmitted

   **0 packet(s) received**

   100.00 % packet loss

通过【display tunnel-info all】和【display interface tunnel 0/0/0】查看隧道建立情况。

也可以通过 ping 命令【ping -a 200.100.1.1 200.100.1.2】从本端的 GE0/0/0 至对端的 GE0/0/1 测试隧道建立情况。此时,隧道两端的地址可以相互 ping 通,但是私网地址间依然无法互相访问,主要因为私网间路由不可达,需建立私网间路由。

6. 路由器 R1 和 R3 静态路由配置

```
/* 在 site2 路由器上配置 GRE 隧道和 OSPF 路由 */
[R1]ip route - static 172.16.2.0 24 Tunnel 0 /0 /0
```

R3 上静态路由雷同。

7. 在 R1 上 ping 连通性测试

```
/* 在路由器 R1 上 ping 命令测试私网地址连通性 */
[R1]ping - a 172.16.1.1 172.16.2.1
  PING 172.16.2.1: 56   data bytes, press CTRL_C to break
    Reply from 172.16.2.1: bytes = 56 Sequence = 1 ttl = 255 time = 30 ms
°○°
--- 172.16.2.1 ping statistics ---
    5 packet(s) transmitted
    5 packet(s) received
    0.00 % packet loss
    round - trip min /avg /max =  30 /36 /40 ms
```

此时,私网间路由可达,地址间可以互相 ping 通。

 课前准备

| 课前学习任务单(建议 1 小时) | |
| --- | --- |
| 学习目标 | —了解 GRE 技术<br>—掌握 GRE 配置介绍<br>—熟悉 GRE 应用场景 |
| 任务内容 | —知识学习:GRE 工作原理<br>—范例学习:GRE 配置过程<br>—完成考核任务 |
| 范例学习 | —网络搭建<br>—设备参数配置<br>—输入测试命令<br>—记录结果 |
| 课前任务考核 | —考核方式:线上【讨论区】<br>—考核要求Ⅰ:配置操作截图 3～4 幅<br>—考核要求Ⅱ:在讨论区发言 1 条,为提问、总结或配置体会等 |

基础训练(难度、任务量小)

| 基础任务单 | | | | |
|---|---|---|---|---|
| 任务名称 | 配置 GRE VPN | | | |
| 涉及领域 | 静态路由、GRE、VPN | | | |
| 任务描述 | —路由器接口地址配置<br>—路由器间 OSPF 配置<br>—Tunnel 接口配置<br>—测试隧道连通性 | | —Site1 和 Site2 路由配置<br>—测试私网路由连通性<br>—完成 PC 机间的测试 | |
| 工程人员 | | 项目组 | | 工号 |
| 操作须知 | —设备摆放、连线规范。<br>—设备配置要保存。<br>—拓扑文件要保存。<br>—修改设备和主机名称。 | | | |
| 任务内容 | —搭建如图 4-27 所示网络,填写表 4-5 的 IP 参数,本任务所选 2 台 PC、1 台边界路由器、1 台 Internet 路由器<br><br>图 4-27 基础任务单网络拓扑<br><br>—PC 数据配置:<br> ■ IP 地址、掩码配置。<br> ■ 网关地址配置。<br>—边界路由器配置:<br> ■ 更改设备名称。<br> ■ 接口创建及配置 IP 地址、子网掩码。<br> ■ 全局路由的配置。<br> ■ Tunnel 的配置。<br> ■ 私网静态路由配置。<br>—全局路由器配置:<br> ■ 更改设备名称。<br> ■ 接口创建及配置 IP 地址、子网掩码。<br> ■ 全局路由配置。<br>—验证测试:<br> ■ 在边界路由器使用 display 命令查看隧道情况。<br> ■ ping 命令测试私网间路由的连通性。 | | | |

续　表

| 基础任务单 | | | | | |
|---|---|---|---|---|---|
| 网络编址 | —根据网络拓扑图 4 - 27 设计网络设备的 IP 编址,填写表 4 - 6 所示地址表,根据需要填写,不需要的填写"×"。<br><br>**表 4 - 6　设备配置地址表** | | | | |

**表 4 - 6　设备配置地址表**

| 设备 | 接口 | IP 地址 | 子网掩码 | 网关 |
|---|---|---|---|---|
| PC1 | E0 | | | |
| PC2 | E0 | | | |
| 路由器 R1 | Loopback0 | | | |
| | GE0/0/0 | | | |
| | GE0/0/1 | | | |
| 路由器 R2 | Loopback0 | | | |
| | GE0/0/0 | | | |
| | GE0/0/1 | | | |
| 路由器 R3 | Loopback0 | | | |
| | GE0/0/0 | | | |
| | GE0/0/1 | | | |

| 验收结果 | —网络搭建情况、参数设计。<br>—测试路由器和主机之间的连通性。<br>—查看路由器的接口信息。<br>—查看 GRE 隧道路由信息并记录。<br>—查看数据包的封装。 |
|---|---|

# 任务总结

　　本节工作任务是关于网络安全及应用技术与配置,在解决校园内部网络组建的基础上,进一步完善校园网络的安全性、师生 Internet 网络访问需求以及跨校区业务网互联等问题,希望通过本节任务的学习,能够健全校园网络。学习完本节内容后,能够掌握 ACL 访问控制列表相关工作原理及配置操作,NAT 地址转换相关工作原理及配置操作,了解 GRE 的工作原理及工作过程。内容相对较为复杂,不同基础的学习者可以根据自身情况选择完成"基本任务单"或者"项目任务单",教师也可以布置课前学习任务,以实现知识的翻转。

　　本节工作任务主要依托"京华大学校园网络建设一期工程"项目,完成"网络安全及应用服务"任务。本节从了解 ACL 分类业务流开始,然后到根据业务需求保障(限制)相关业务流确保网络安全,再到校园网借助基本 ACL 分类用户完成内外网地址转换 NAT 实现师生访问Internet,最后到跨地域(校区)的私网 VPN 业务互联。我们依托数字校园的网络基础设施建设项目,在了解各类技术工作原理的基础上,通过各子任务完成实操训练,实现项目化、任务化教学。

　　为了把复杂的内容讲解得尽可能通俗易懂,本节采用由理论到配置到任务部署,教学方法上建议采用混合教学、翻转课堂和进阶课堂等,并加入"通信技术专业国家级资源库"中各类信息化、数字化教学资源,包括大量的微课、课件和任务单。

# 思考与案例

 任务思考

1. ACL 规则五元组由哪几个组成?
2. ACL 有哪两个分类? 各自有哪些应用场景?
3. NAT 有哪些分类?
4. NAPT 的工作流程是什么?
5. VPN 的工作原理是什么?
6. GRE 隧道配置命令是什么? 如何解释?

 工程案例

文本:VPN 案例
任务单

1. 案例描述

多校区 Internet 接入及 VPN 应用实例。

2. 案例要求

(1) 根据拓扑图,完成网络设备的基本配置(设备名、用户名和密码、远程登录配置、系统密码、端口描述和 banner 等相关信息);

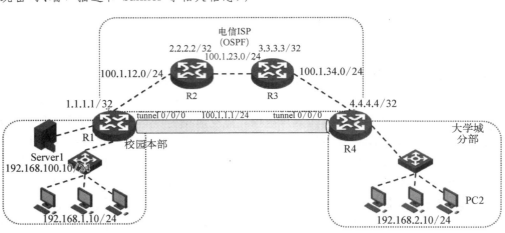

(2) 根据拓扑图的要求,完成网络设备接口的相应配置;

(3) 根据拓扑图的要求,完成 ACL 的基本配置(设备 Telnet 限制、服务器限制等);

(4) 根据拓扑图的要求,配置 NAT 协议的基本配置(NAPT、静态 NAT 等);

(4) 根据拓扑图的要求,完成 GRE 的基本配置。

# 参考文献

［1］李振斌,胡志波,李呈等.SRv6 网络编程:开启 IP 网络新时代［M］.北京:人民邮电出版社,2020.

［2］张晨璐等.从局部到整体:5G 系统观［M］.北京:人民邮电出版社,2020.

［3］沈宁国,于斌等.园区网络架构与技术［M］.北京:人民邮电出版社,2019.

［4］汤昕怡,王文轩.数据通信与网络技术［M］.南京:南京大学出版社,2014.

［5］华为技术有限公司.HCNA 网络技术实验指南［M］.北京:人民邮电出版社,2017.

［6］朱仕耿.HCNP 路由交换学习指南［M］.北京:人民邮电出版社,2017.

［7］谢希仁.计算机网络(第 7 版)［M］.北京:电子工业出版社,2017.

［8］孟祥成,曹鹏飞等.计算机网络基础实训教程:基于 eNSP 的路由与交换技术的配置［M］.北京:北京邮电大学出版社,2018.

［9］韩立刚,李圣春,韩利辉等.华为 HCNA 路由与交换学习指南［M］.北京:人民邮电出版社,2019.

［10］袁劲松,胡建荣.路由交换技术项目化教程入门篇［M］.北京:电子工业出版社,2020.

［11］高峰,李盼星等.华为 ICT 认证系列丛书:HCNA－WLAN 学习指南［M］.北京:人民邮电出版社,2015.

［12］华为技术有限公司.网络系统建设与运维(中级)［M］.北京:人民邮电出版社,2020.

［13］华为技术有限公司.网络系统建设与运维(高级)［M］.北京:人民邮电出版社,2020.

［14］张园,胡峰.网络互联技术［M］.北京:机械工业出版社,2020.

［15］沈鑫剡等.路由和交换技术及实训(第 2 版)［M］.北京:清华大学出版社,2020.

［16］张世勇.交换机与路由器配置实验教程(第 2 版)［M］.北京:机械工业出版社,2018.

［17］新华三大学.路由交换技术详解与实践第 1 卷(上册)［M］.北京:清华大学出版社,2017.

［18］(美)托德.拉莫尔(Todd Lammle).CCNA 学习指南 路由和交换认证［M］.袁国忠译.北京:人民邮电出版社,2017.

［19］徐成刚等.eNSP 网络技术与应用从基础到实战［M］.北京:中国水利水电出版社,2020.

［20］(美)威廉.斯托林斯.现代网络技术［M］.陈鸣译.北京:机械工业出版社,2018.

［21］（美）鲍勃·瓦尚,艾伦·约翰逊.思科网络技术学院教程(第6版)［M］.北京:人民邮电出版社,2018.

［22］汪双顶等.网络互联技术(理论篇)［M］.北京:人民邮电出版社,2017.

［23］凯文·R.福尔.TCP/IP详解卷1:协议(第2版)［M］.吴英等译.北京:机械工业出版社,2016.

［24］（美）杰夫·多伊尔.TCP、IP路由技术(第2卷)［M］.夏俊杰译.北京:人民邮电出版社,2017.

［25］徐学鹏.路由型与交换型互联网基础实训手册(第3版)［M］.北京:机械工业出版社,2016.